心法

开发内心宝藏的操作法则

虚舟

著

青岛出版集团 | 青岛出版社

图书在版编目（CIP）数据

心法：开发内心宝藏的操作法则/虚舟著. —青岛：青岛出版社, 2024.3
ISBN 978-7-5736-1740-8

Ⅰ.①心… Ⅱ.①虚… Ⅲ.①人生哲学－通俗读物 Ⅳ.①B821-49

中国国家版本馆CIP数据核字（2023）第222595号

XINFA：KAIFA NEIXIN BAOZANG DE CAOZUO FAZE

书　　名	心法：开发内心宝藏的操作法则
作　　者	虚　舟
出版发行	青岛出版社（青岛市崂山区海尔路182号）
本社网址	http://www.qdpub.com
邮购电话	18613853563
责任编辑	李文峰
特约编辑	侯晓辉
校　　对	李玮然
装帧设计	蒋　晴
照　　排	梁　霞
印　　刷	三河市良远印务有限公司
出版日期	2024年3月第1版　2024年3月第1次印刷
开　　本	32开（880mm×1230mm）
印　　张	7.5
字　　数	110 千
书　　号	ISBN 978-7-5736-1740-8
定　　价	39.80元

编校印装质量、盗版监督服务电话 4006532017　0532-68068050

目 录

Contents

目 录

序 言
你不是缺办法，而是缺心法

修身关键是在心上修

作为一个人，我们的本质是什么呢？

人的本质是水、蛋白质、脂肪和无机质的组合吗？

人的本质是一身血肉、一副皮囊、一副骨架吗？

正如稻盛和夫所说："如果说人生有不灭之物，那就是'灵魂'。当死亡来临的时候，你在今世所创造的地位、名誉、财产就得统统放弃，只能带着你的'灵魂'开始新的征程。"借助这段话，我们对人的本质有了进一步的理解：人的存在离不开心，也就是稻盛先生所讲的"灵魂"。

阳明先生在讲解《大学》时提到：

《大学》之所谓"身"，即耳、目、口、鼻、四肢是也。欲修身，便是要目非礼勿视，耳非礼勿听，口非礼勿言，四肢非礼勿动。要修这个身，身上如何用得工夫？心者身之主宰，目虽视，而所以视者心也；耳虽听，而所以听者心也；口与四肢虽言、动，而所以言、动者心也。故欲修身，在于体当自家心体，常令廓然大公，无有些子不正处。主宰一正，则发窍于目，自无非礼之视；发窍于耳，自无非礼之听；发窍于口与四肢，自无非礼之言、动。此便是修身在正其心。

——（《传习录·下》）

这段话的意思是：《大学》所讲"修身"的"身"，指的是耳、目、口、鼻、四肢。所谓"修身"，就是要眼睛"非礼勿视"、耳朵"非礼勿听"、嘴巴"非礼勿言"、四肢"非礼勿动"。如何借助耳、目、口、鼻、四肢修身呢？修身实际上讲的是什么呢？是修心。

因为心是身的指挥官。眼睛虽然看得见，但是只是一个器官，心能够让眼睛这个器官发挥视觉功能；耳朵虽然听得见，但是也只是一个器官，心能够让耳朵发挥听觉功能；同理，心能让嘴巴发挥说话的功能，能让四肢发挥动的功能。

所以心才是视、听、言、动的幕后总指挥，没有了心的作用，便不再有视、听、言、动。试问一个死去的人，虽然他的耳、目、口、鼻、四肢都还存在，但他的视、听、言、动在哪里呢？

至此，对什么是心，你估计已经有所体会。

修身是在哪里修呢？在心上修。

当心上少一些灰尘，去掉一些人欲，人心就会回归天理的正位，当心这个指挥官一正，作用于眼睛，自然会非礼勿视；作用于耳朵，自然会非礼勿听；作用于嘴巴，自然会非礼勿言；作用于四肢，自然会非礼勿动。

因此，天君泰然，百体从令。指挥官一正，辖属的臣僚都端正了。我们搞定了"一把手"，其手下的人就很容易被搞定。心就是"一把手"。

现在大多数人是如何学习的呢？我们观察发现，很多人是在耳、目、口、鼻、四肢上用功，讲究口耳之学。这当然是驴唇不对马嘴，结果自然可想而知，方向不对，努力白费。

照此方法，纵使你学富五车，过目不忘，你的心仍然没有发生变化。你如果没有在心上下功夫，就无法从根本上解决问题。

学工具，虽然你能够提高做事的效率，但是心胸、境界不一定有所提升；

学办法，虽然你能忙的事情更多了，但是信心或许没有增强；

学知识，虽然你能懂得很多道理，但是不一定有智慧；

学管理，虽然你学了很多管理团队的方法，但是团队的凝聚力不一定能够提升；

学战略，虽然你了解了各种战略管理的模型，但是或许心中依然没有洞见全局的力量；

学标杆，虽然你去了很多地方，但是或许眼界仍然没有得以开阔。

你可以学习100门APP（主要指安装在智能手机上的软件）课程，但是不一定有机会激活自己的操作系统。没有操作系统，下载那么多APP有什么用呢？

人总喜欢在事上努力，别人用1个小时，我就用2个小时；别人一天打20通电话，我就打30通电话；别人跑步3千米，我就跑步5

千米；别人学话术，我就拼命学营销……我们都是在事上努力，却从来不在心上努力。

在事上努力是需要的，但是到了一定阶段，就需要在心上努力，只有心变得不同了，行为和结果才会真正变得不同。

心才是身背后的掌舵者、总指挥。

心好似操作系统，耳、目、口、鼻、四肢如同APP。即使拥有再多、再好的APP，如果没有高效能的操作系统，也是无用的。因此，改变的关键在于搭载、升级我们的操作系统，而不是下载一个又一个的APP（比如积累知识量）。

我们需要的不是办法，而是操作系统

身之掌舵者便是心，很多人渐渐地知道了这个道理，但到这里就结束了，其实还应该往下深挖，心又是什么呢？

王阳明问弟子："你看这个天地中间，什么是天地的心？"

弟子对曰："尝闻人是天地的心。"

王阳明又问："人又什么叫做心？"

弟子回答："只是一个灵明。"

王阳明说："可知充天塞地中间，只有这个灵明。"

在王阳明看来，心就是这一点儿灵明，这一点儿灵明"充天塞地中间"，人的这一点儿灵明与天地万物的灵明"一气流通"，所以天地万物一体。

这与另一位心学大师陆象山提出的"宇宙便是吾心，吾心即是宇宙"高度一致。不仅如此，王阳明还在此基础上提出了著名的"心即理"的思想。

"心即理"是阳明心学的起点，王阳明在"心即理"的基础上发展出整个阳明心学，包括后来的"知行合一""致良知"，实际上都是"心即理"的延续和升华。

所谓"心即理"，套用陆象山的话就是"吾心即天理，天理即吾心"，吾心与天理不是"合一"，而是"本一"。

阳明心学认为，天理不在外面，心外无理，你的心里面就有天理。更准确的表达即你的心本身就是天理，你的心就是天理本身。

那么人心又是什么呢？王阳明认为，天理就是人心。

所以我们如何去定义人呢？人到底是什么样的存在呢？

在王阳明的世界观中，追根究底人就是一颗心，这颗心不是人所独有，而是天地万物都有，天地万物都是，人和天地万物都是天理的一部分，也是天理全体，人和天地万物既是天理所生，也是天理本身。

阳明先生说，"人人自有定盘针"，这个"定盘针"就是人人自带的操作系统，这个操作系统就是以天理为本体的那颗心。

实际上，人人生来自带"最高性能的操作系统"，笔者将这个操作系统称为"人类3.0操作系统"。

这颗心是人的导航，人只要跟着这个导航走，就会知道自己从何处来、现在在何处、要到何处去。

人人都有这个导航，都有这个操作系统，那为什么大多数人最后无法抵达自己的目的地、无法实现自己的人生理想呢?

　　这里还有一个非常重要的概念,那就是"人欲"。

　　"人心即天理",但常常被人欲遮蔽,就像太阳常常被乌云所遮蔽,就像明镜常常被灰尘沾染(见图 I-1)。当被人欲遮蔽以后,人心就常常"失灵"。

图 I-1　人心被人欲遮蔽

　　人被环境所影响,私欲日增,坏习性与臭毛病越来越多,导致这套操作系统很难越用越灵,甚至无法正常发挥,逐渐退化成 2.0 操作系统(如 Windows,美国微软公司研发的操作系统,主要运用于计算机、智能手机等设备)、1.0 操作系统(如 DOS,美国微软公司研发的磁盘操作系统,是早期个人计算机上的一类操作系统),甚至慢慢地被弃用了。宇宙法则是演化,而不是一直进化,不是只前进,也有可能后退。

　　所以,人的一生不是一直前进,有时候是在后退,退到最后就形同禽兽而不自知,受熵增所制约。

　　桌子长期不收拾,堆积的东西就会越来越多,越来越乱,灰尘也越来越多。人心也是如此，如果长期不整理，也会被邪思妄念等污垢所充满，自己不知不觉就找不到本心了。因此，我们需要不断"存天理、去人欲"，拨云见日，让心保持纯粹、纯净。

依据阳明心学，用一句话来讲，"3.0 操作系统"就是"人心即天理"。天理就是人人自带的操作系统的内核。

我们将人心对准天理，将人心更多地体现为天理，那么人心只有在天理的导航下运转，我们才可能会心想事成，就会逢山开路、遇水架桥。陆象山说："我无事时，只似一个全无知无能底人。及事至方出来，又却似个无所不知、无所不能之人。"这句话讲的就是这个操作系统。这个操作系统不用的时候好像没什么高明的地方，一旦遇事，你瞬间就有了应对之策，知道孰对孰错、谁好谁坏、什么重要什么不重要，于是禀天理而行，自然知行合一。

尧舜十六字心法"人心惟危，道心惟微，惟精惟一，允执厥中"，讲的其实就是如何驱动这套操作系统：人心因为被人欲遮蔽所以充满了危险，道心微妙玄绝，人的进化就是要从人心到道心，方法就是"惟精惟一"，最后到达"允执厥中"的境界。

这里提到的道心就是阳明先生所说的天理之心，就是天理。需要说明的是，我们前面提到的"人心"，不是这里"人心惟危"的人心，而是就"人之本心""人的道心"而言。

用稻盛和夫的话来讲，人生的意义就是提升心性，磨炼灵魂。"我之所以来到世上，是为了在死的时候，灵魂比生的时候更纯洁一点，或者说带着更美好、更崇高的灵魂去迎接死亡。"提升心性、磨炼灵魂的过程，就是从"人心惟危"走向"道心"的过程，就是从"人心惟危"走向天理的过程。

因为 3.0 操作系统的概念脱胎于阳明心学,所以我们有时将其称为"王阳明操作系统"。

这个操作系统的本质是什么呢?

它实际上是一种判断机制,判断对错、判断好坏、判断重要和不重要,我们想要保证这种判断机制符合客观事实,就必须保证其架构基于天理内核。

它不仅是一种判断机制,还是一种处理机制。它做出正确的判断后,同时还会根据这种判断进行调适,启动"存天理,去人欲"的机制,确保人走在正道上,朝着正念、正行的大方向行走,最后达成知行合一。

同时它也是一种思维方式。人的思维方式就相当于操作系统,在稻盛和夫看来,这种思维方式有正负值,若想结果有效,就必须保证这种思维方式处于正值,能够"明合道妙",因而其需要与天理同频共振。

天理就是那些放之四海而皆准的普世法则,在《高效能人士的七个习惯》一书中,作者史蒂芬·柯维将这种普世法则称为"原则",原则如灯塔,是不容动摇的自然法则。

史蒂芬·柯维继续论述:

有人根据自己的经历建立思维定式或者绘制地图,然后借此观察自己的生活与人际关系,但是地图不等于地域本身,它只是一种"主观的事实",是对某一地域的描述。

只有"灯塔"式指引人类成长和幸福的原则才是"客观的事实"，是地域本身。这一法则已经渗透到历史上所有的文明社会中，并成为家庭和机构繁荣持久的基础。

任何人只要对人类历史的盛衰兴替有深切了解，都会承认这些原则是颠扑不破、历久弥新的。国家社会的存亡与兴衰，往往就取决于是否能遵奉这些原则。

我所强调的这些原则，并非一些深奥玄妙的宗教哲理，也不属于任何特定的宗教或信仰。可以说世上各主要宗教、民族的伦理道德思想中，几乎都涵盖了它们。这些不辩自明的真理，任何人都可以心领神会，就好像人类与生俱来的良知，不分种族肤色，人人具备。即使被社会流俗或个人否定而隐晦不彰，但它们依然存在。

比如"公平"的原则、"诚信"与"正直"的原则、"贡献自我"的原则、"讲求品质""追求卓越"的原则、"潜能"的原则、"成长""耐心""教育""鼓励"的原则等。

看了史蒂芬·柯维的这段话，相信你对天理有了更进一步的理解。

不过天理和价值观不同，就像史蒂芬·柯维所讲，原则不是价值观。原则是地域，价值观是地图，只有遵循正确的原则的价值观，才能指导人们的实践。

管理学大师吉姆·柯林斯在评价《高效能人士的七个习惯》时提出：早在几百年前就出现有关个人效能的智慧，从本杰明·富兰克林到彼得·德鲁克，却从未有人能够整合出一个连贯、方便使用的系统。史蒂芬·柯维创造出一套标准操作系统——个人效能的"Windows系统"，简单又好用。

他将"七个习惯"称为一套提升个人效能的操作系统。因此可知，我们需要的不是某个方法、某个工具，而是一套操作系统。

天理在本杰明·富兰克林那里就是一套成就人生的美德。本杰明·富兰克林曾给自己制定了 13 个美德：节制、缄默、秩序、决心、节俭、勤奋、诚信、正义、中庸、清洁、平静、贞洁、谦卑。

他每周选出其中一个美德进行专项训练，并给自己制作了一本小册子，列出表格，每日对照检查，没有做到的话就画上一个小黑点，最后当小黑点越来越少甚至消失的时候，就代表这些美德已经内化，自己再也不受外部诱惑的困扰。

本杰明·富兰克林用这种近乎苛刻的方法持续不断地进行自我训练，让自己几乎成为人类进化的"样板"。以 13 个美德为核心，本杰明·富兰克林创造了一套属于自己的操作系统，很多人从复制这套操作系统中尝到了甜头，比如查理·芒格。

接下来我们会谈如何启动这个 3.0 操作系统，并用这套操作系统开创自己崭新的人生。

开启 3.0 操作系统，心生万法

每个人都有内在导航、最高智慧。虽然每个人都有 3.0 操作系统，但是有的人不相信自己内在的智慧，不相信自己有无尽的潜力，所以折腾半天总是感觉有心无力、能量不足、状态反复，即使取得了一些成绩，也后劲不足，走着走着慢慢就进入了各种怪圈，内心也无法得到根本的满足与安宁。

人们因为向外求，所以没有开发本有智慧，没有启动 3.0 操作系统。那如何启动 3.0 操作系统，从而开发本有智慧，取用自带的"隐性功能"呢？

其关键在于立志。

你开始立志，并慢慢地把志立住的过程，就是逐步开发自己的无尽宝藏、取用自己的无尽智慧的过程，开始打开"吾性自足"的大门。正如王阳明所言，"终身问学之功，只是立得志而已"，人一生最重要的事情，就是立志，这样才能先胜而后战。"立志不定，终不济事"，如果你志向不够坚定，最终就没有办法成就一番大的事业。

人们常说，"人人心中有仲尼""人皆可以为尧舜""一切众生皆具如来智慧德相"，那么这个"高阶版的自己"在哪里呢？这个"大我"在哪里呢？当一个人找到志向的时候，他就慢慢地走上发现"大我"的旅程。

立志就是让我们放下小聪明，取用大智慧。所谓天地万物一体，宇宙所拥有的无尽智慧，也会体现在我们身上。天理即人心，人心即天理。它只存在我们相不相信、愿不愿意，以及如何挖掘和取用的问题。

王阳明说："只念念要存天理，即是立志。能不忘乎此，久则自然心中凝聚。犹道家所谓'结圣胎'也。此天理之念常存，驯至于美大圣神，亦只从此一念存养扩充去耳。"

什么是"能不忘乎此，久则自然心中凝聚。犹道家所谓'结圣胎'也"？就是说，当你慢慢立志的时候，你的内心自然会在不知不觉当中发生变化，就好像道家所谓"结圣胎"，就好像曾国藩所讲的"变换气质""变换骨相"。当你的内在发生了变化，当你结了所谓"圣胎"，你才能连上内在的导航，你的良知才会出来引导你，这就是所谓"取用良知"。这样你才能知道什么是"天人合一"，才会知道什么是对的，什么是不对的，才会知道正确的道路在哪里，才能心生万法、应变无穷，然后才会有所谓智慧。

在此之前，你用的都是一些小聪明、小办法，但是你还以为是大智慧，以为自己有多厉害，实际上往往聪明反被聪明误，一直在戕害自己却不自知。

什么是"美、大、圣、神"？这实际上是孟子所讲的人的四种境界，"可欲之谓善，有诸己之谓信。充实之谓美，充实而有光辉之谓大，大而化之之谓圣，圣而不可知之之谓神"（《孟子·尽心篇》）。就好像人读书，有中学学历，有本科学历，有研究生学历一样，人的境界也是不同的，用"美、大、圣、神"来表示。

如何才能到达"美、大、圣、神"的境界呢？"亦只从此一念存养扩充去耳"，都是从立志开始，慢慢扩充放大。当慢慢把志立住，你就会慢慢驯至"美、大、圣、神"的地步。注意这里的用词，"驯至"，也就是驯养的意思，就像驯养小动物一样，需要慢慢去调教自己，怎么驯养，怎么调教，就是下一个问题。

如何立志？"只念念要存天理，即是立志。"

袁隆平说："我最大的愿望就是，饭碗要牢牢地掌握在中国人自己手上。"张桂梅说："我想要山里的孩子也能走进最好的学校。"钟南山说："我愿意把我的生命献给祖国、献给人民。"樊锦诗说："国家的需要就是我的志愿。"……这些朴实无华却又振聋发聩的话语，其实都是一种志向的表达。

　　这世上只有两条路：一条是有志的路，另一条是无志的路。有志者事竟成，无志者遇到一点儿风吹草动可能就停步不前或者转向了。正如王阳明所言，"终身问学之功，只是立得志而已"。把志立住，我们这辈子才有取胜的希望，如果志立不住，那结果只能是"志不立，天下无可成之事"。

　　当立志坚定，我们就可以慢慢地启动 3.0 操作系统，内心纯净，依良知而行，自然就可以心明眼亮、心生万法。

前　言
变化的世界，不变的操作系统

著名企业家陈东升有一句广为流传的话：要站到 1 万米的高空看这个世界，身处 100 年的时空观察这个世界，才能有远见与坚持，才能不出现偏差，才能看得更早、更远。

有时我们会遇到瓶颈，或者被困在一个地方无法动弹，关键在于站得不够高，看得不够远，斤斤计较于眼前的利益得失，却忘记了什么才是最重要的。

孟子见梁惠王，梁惠王开门见山地问："叟！不远千里而来，亦将有以利吾国乎？"第一句话就提到了"利"字，可见梁惠王已经浸没到利当中，完全利欲熏心而不自知，开口闭口都是利了。

这依然是我们当下的核心问题，人们只看到眼前的钱和利，而看不到更多，更遑论站在万米高空，身处百年时空。而其他更多的问题，都是这个问题的延伸和演绎。金钱主义、利益至上、欲壑难填，导致人"空心化"，就像著名学者许倬云所讲的，现在全球性的问题是，人找不到目的，找不着人生的意义在哪里，于是无所适从。

笔者想到另外一个类似的案例。达摩见梁武帝，梁武帝问达摩："朕即位以来，造寺、写经、度僧，不可胜纪，有何功德？"达摩回答："并无功德。"

很多时候我们也是如此，四处奔波，忙忙碌碌，却毫无功德，没有真正的积累，就谈不上水滴石穿、厚积薄发，也谈不上十年磨一剑，有时甚至深陷泥潭里而无法自拔。

当满眼都是利益得失的时候，我们就没有什么功德可言，即使做了再多的事情，付出了再多的辛苦，到头来也可能是竹篮打水一场空。

为什么？动机不对，努力白费。

在著名的《心》一书中，稻盛和夫一针见血地指出，善意的动机引导事业走向成功。以利他为动机发起的行为，比起无此动机的行为，成功的概率更高，有时甚至会产生远超预期的惊人成果。因此，我们也可以讲，动机不对，结果也不可能对。

其实善恶的判断标准，即其行为背后的动机。《了凡四训》一书记录了元代临济宗一代祖师中峰和尚与一些儒生关于善恶的对话。有人说，打人、骂人是恶，敬人、爱人是善。中峰和尚摇头。有人说，贪赃枉法是恶，廉洁自律是善。中峰和尚又摇头。大家举了很多例子，都被中峰和尚予以否定，最后只好请中峰和尚开示。中峰和尚说："有益于人，是善；有益于己，是恶。有益于人，则殴人、詈人皆善也；有益于己，则敬人、礼人皆恶也。"

如果有利于人，则打人、骂人是善；如果不利于人，只有利于己，则敬人、爱人都是恶。因此，你的行为的善恶完全看你的动机是否真的有利于对方，如果是为自己谋私利，骨子里是一副富贵利达的心肠，你表演得再好看，也不是什么善事。因此，扶老奶奶过马路算不算做好事，不能只看行为，而要追溯到你的动机，追溯到人的起心动念处。正如王阳明所讲，一念发动处便是行，一个行为要好，必须从念头处就要好，善念才能善行。

这就是达摩说梁武帝"并无功德"的根本原因，因为梁武帝念头出了问题，有一个为自己求功德的念头，动机不纯。这也是我们做了很多事，最后了无功德的原因所在，因为动机不对。人一旦有为自己"求"的心，目光就会狭隘，就无法获得更长远的回报，看似获得了很多短期收益，却失去了真正的财富。因此，短期收益有可能是长期收益的最大障碍。

真正挡住自己的，往往是自己。

回到上文梁惠王的问题，孟子是怎么回答的呢？老人家也不含糊，第一句话就直抒胸臆，"王！何必曰利？亦有仁义而已矣"。大王，你何必开口就谈利呢？其实无须谈利，谈一个仁义就够了。孟子的答案，同样是两千年之后解决当今社会问题的答案，只有重新拾起仁义这个锦囊，才有解决社会问题的希望。

实际上，大多数时候人们只求功名富贵，很少有人真的去求道德仁义。其实细细追究，没有道德仁义，哪来的功名富贵？《易经》上说，"积善之家，必有余庆""善不积不足以成名，恶不积不足以灭身"。《易经》又言，"厚德载物"。厚德才能载物，没有厚德，如何载物呢？《了凡四训》指出，"一切福田，不离方寸；从心而觅，感无不通"。如何成名？如何富贵？首先必须从积善做起，从内心做起。稻盛和夫说，人生的一切都是自己内心的投射。

我们要想拥有功名富贵，就必须在内心世界有道德仁义，如果执着于眼前的短期利益，就阻碍了对长期回报的关注。这就是很多人忙忙碌碌到头来却庸庸碌碌的根本原因，南辕北辙，自然抵达不了理想的目的地。

如同孟子提供的答案，"亦有仁义而已矣"，如果一定要求，求一个仁义就可以了，功名富贵是副产品，有了仁义，自然会有功名富贵。正如《大学》所指出的，"有德此有人，有人此有土，有土此有财，有财此有用。德者本也，财者末也"。德为本，财为末，有德才会有财，缺德必然缺财。几千年过去了，世界发生了巨变，但是个体成功的基本法则并没有发生丝毫改变。

心才是个体跨越式发展的底层操作系统

因此，一切都是自己内心的投射，只有改变内心，才能改变自己的人生境遇。在这一点上，稻盛和夫可以说是一个代表案例。

稻盛和夫原来也是一个"穷小子"，出身并无可圈可点之处。小学升初中时，他考了两次均失败；高中毕业时，他也没考上好的大学；大学毕业参加就职考试也不顺利，最后还是经人介绍，他才找到一家濒临倒闭的小企业，做自己并不喜欢的工作，甚至跳槽也没人要，只好留下来硬着头皮往前走。这就是稻盛和夫出道时的资质和条件。

后来的稻盛和夫，接连创建了两家世界 500 强企业，成功地挽救了破产的日本航空公司，不断跨越一个又一个曲线，创造一个又一个人生的辉煌。这一巨大反转的原因是什么呢?

稻盛和夫自己总结这个过程时说，要成就新的计划，关键是要有一颗不屈不挠的心。这颗心就是所谓"真我"之心。这个"真我"之心和创造宇宙万物的"宇宙之心"完全是同一个东西。"真我"所发出的"利他之心"，拥有改变现实的力量，自然就能唤来好运，把事情引向成功。因此，这颗"真我"之心才是稻盛和夫实现跨越式发展的底层操作系统。

对于我们来说也是一样，如果我们想要不断地突破自己的现状，打造自己的第二曲线、第三曲线，不断地实现跨越式发展，根本方法在于回到自己的操作系统，践行由 3.0 操作系统驱动的由内而外的成长模式，如此才能创造出更多的可能性，实现人生的生生不息。

因此本书提出了 3.0 操作系统的概念。什么是 3.0 操作系统？心、良知，就是我们每个人本自具足的 3.0 操作系统。虽然我们每个人生来无差别地拥有了这套先进的操作系统，但是，随着后天环境的影响，这套操作系统却常常无法正常使用，以至逐渐退化。所以我们需要重新激活这个操作系统，才能取用内心无尽的宝藏，拥有先胜后战的不败心法，开创人生的无限可能。

3.0 操作系统激活流程及本书架构

本书提供了激活 3.0 操作系统的 4 个步骤（见图 I–2）。

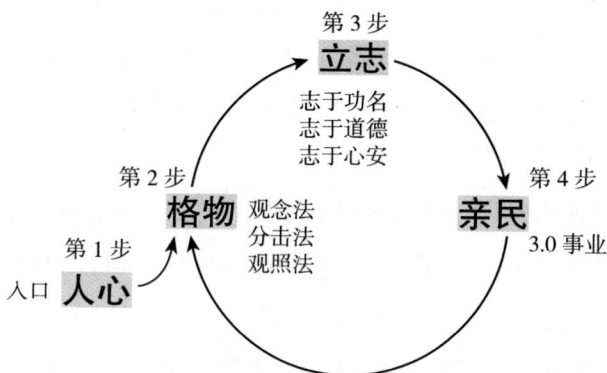

图 I-2　激活 3.0 操作系统的 4 个步骤

核心密码：人心第一

所谓"人心第一"，其根本意义在于"人心即入口"，如果你想真正改变自己，请从人心这个入口进去，进而开发内心的力量，然后才有机会改写人生。

"心事一元"，你做任何事，背后总有一颗心在起作用，任何事都离不了心的作用。因此，"人心第一"要求我们从"事上努力"的模式回到"心上努力"的模式，关注我们本有的宝藏，努力地开发自己的这颗心。只有心提升了，心的能量被开发出来，人才会真正变得不同。人与人之间最大的差别，在于心与心的差别。心才是一切的主宰，心就是人改变的核心密码。

核心技术：格物第二

所谓"格物第二"，主要指"心上努力"的核心抓手，那就是念头，即我们讲的"念头即法门"。心看不见，摸不着，不好把握，但是心体现为各种起心动念，这些起心动念是可以被抓住和把握的。念头有善有恶。所谓格物，就是正念头，把不正的念头正起来，让善念得以被保持，让恶念得以被消除，也就是"为善去恶"。

在这个步骤中，我们还提出了初步的格物的方法，即"观念法"：观念、克念、守念。所谓观念，就是对自己的起心动念保持高度的关注；所谓克念，就是在观念的基础上，一旦发现有不好的念头，就要进行"省察克治"；所谓守念，就是在克念之后找到善的念头，在日常生活中守住善念，并在做事的过程中努力地践行善念。

要想成功地格物，我们就必须对善恶有全新的认识，觉察到自身念头的诸多病根，比如王阳明提到的"八颗心"：怠心、忽心、躁心、妒心、忿心、贪心、傲心、吝心。我们要每天检视这"八颗心"，"损之又损，以至于无为"。

格物是儒家方法论当中的一个核心技术。

核心动力：立志第三

当从人心这个入口进来，不断为善去恶做格物修炼的时候，我们还需要立志，因为"志不立，天下无可成之事"。志告诉我们要成为一个什么样的人，要做成一件什么样的事，要走一条什么样的道路。因此，在修身的过程中，我们需要有一个志来作为牵引和托底，推动我们始终向最高的标准看齐，反省自己与圣贤之心不相印的一切起心动念，同时让我们不给自己留后路，坚定地朝着既定的方向和目的地勇往直前。

立志不是一下就立住了，它是我们在跟私欲做斗争的过程中立住的。因此，立志是一个持续的过程，而不是一个简单的节点。

立志是自我修炼的核心动力。

核心路径：亲民第四

修身不是闭门造车，而是要把门打开，走出去，走到人民群众中去，为人民服务。有人民群众的砥砺、再教育，我们才能修得好身，这就是所谓"亲民"。

当由心这个入口进来以后，我们最主要的工作就是格物，并且立志，这些都是"明明德"，除此之外，还要努力地去"亲民"，在"亲民"当中"明明德"，在"明明德"的同时去"亲民"，"明明德"和"亲民"是一体的。

而亲民则由服务家人开始，服务好家人是我们开发自己内心宝藏的一个开端，然后推己及人，由近及远，逐步服务更多的人。

亲民是我们改变自己的核心路径。

这 4 个步骤实际上是一个循环。当不断经历这个循环的时候，我们就会不断提升心的层次，让心从 1.0 提升至 1.1、1.2，进而至 2.0、3.0……最终达到最高的性能状态。这个流程实际上是一个内心层次螺旋式上升的过程（见图 I–3）。

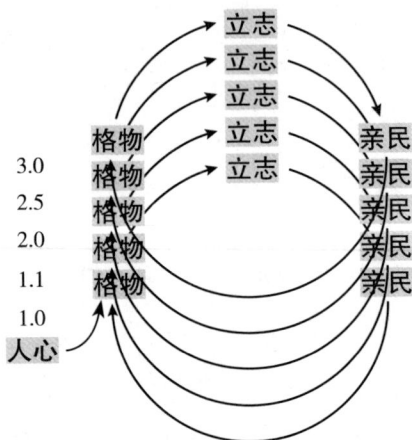

图 I-3　内心层次螺旋上升的过程

为了进一步强化对四步流程的认识，我们还提供了"修身四口诀"，让你在致力于激活自己 3.0 操作系统的过程中，可以不断地揣摩这个口诀：

人心即宝藏，开发即战略，亲民即开发，自作即自受。

格物是一个我们经常需要用到的核心技术，关于格物的方法论，本书一共涉及 3 种，即"格物三部曲"（见图 I-4）。

图 I-4　格物三部曲

第一部曲：观念法

观念法即观念、克念、守念，详见本书第二章"格物第二"部分。这是格物的第一阶段，主要以王阳明提到的"八颗心"为基础，重点去监控这 8 个念头，对自己的念头形成"省察克治"。这个阶段的核心是认识到自己的念头，知道念头是行为和结果的源头，知道要在念头上下功夫，知道要去管理自己的念头，并且能够觉察到自己的念头，能够知道自己有哪些人欲。

第二部曲：分击法

这是格物的第二阶段，可以给自己制定一份需要攻克的人欲清单，一段时间内主攻一个人欲，比如每周或者每个月只选取其中一个人欲进行反复克治，集中优势兵力实现各个击破。因此我们将其称为"分击法"，具体请参考本书第三章。

第三部曲：观照法

这是格物的第三阶段。这个阶段的关键是从念头上回到觉知的本体上，将心体（观察者）与念头（观察对象）区分开来，保持心体的如如不动。这就是"观照法"，详见本书第四章。观照法的前提是"集义而生"，并非"义袭而取"，因此需要格物的前两个阶段作为基础。

格物三部曲没有谁高谁低，需要一步一步着力用功，循序渐进，方有进步可言。我们建议每个阶段分别花费半年以上来践行，前一阶段稍有心得之后，再迈入下一阶段，这样会更有助于你找到感觉。如果你没有在第一阶段对纷繁的念头感到无奈，没有在第二阶段痛心疾首于自己的人欲如此难以击穿，那么对第三阶段的观照法就不会有深刻的感觉。

立志同样包括 3 个层次：志于功名、志于道德、志于心安（见图 I-5）。

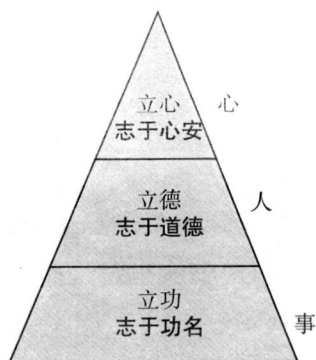

图 I-5 立志的 3 个层次

立志的层次之一：志于功名

所谓志于功名，就是立一个具体的事业之志。如你要在哪个行业，解决什么问题，从而为社会做出什么样的贡献。立志一定要在事上练，通过具体做事的过程来提升自己的道德水平。立事业之志的方法，就是从一个社会问题入手，从而找到你的志，然后决定你的战略，提供解决方案，并设计一套独特的经营活动。

立志的层次之二：志于道德

立志首先是在道德上立，做一个有道德的人，志于道德，简单地讲，就是做一个好人，做一个有良知的人，"立必为圣贤之志"。人只有不断提高自己的道德修养，才能在风云变幻当中屹立不倒。

立志的层次之三：志于心安

无论是"立必为圣人之志"，还是立事业之志，其目的都是找到可以为他人服务并且自己也喜欢的事，然后一以贯之，直至心安。

以上详见本书第五章的内容。

亲民是由服务家人开始，再推己及人，由近及远，逐步服务更多的人。所以建议你从家里做起，主动地服务家人，通过为家人做一些力所能及的事，体会服务和付出的感觉。

亲民不是整天做慈善，而是在立定自己的志以后，以志为方向和导航，确立自己的主业，打造自己的 3.0 个人商业模式。3.0 个人商业模式是一种以利于客户为中心，以产品或服务为载体，以发展信任为底层，以服务自己为前提，以建设客户为目的的商业模式。建立 3.0 商业模式的方法，就是把握好"三个第一"：立志第一、主业第一、客户第一。

以上内容可以参考本书第七章的内容。

在激活 3.0 操作系统的过程中，我们需要高度关注"五个务必"：务必立志，务必服务客户，务必读书、读原文，务必观省，务必做日课。这"五个务必"，实际上是践行王阳明心学的"培根固本学习法"。为了帮助读者加深对心学的理解，我们在第六章中对王阳明心学的关键词进行了拆解，这些关键词包括：立志、格物、心即理、知行合一、事上练、致良知。

王阳明著名的四句教：无善无恶心之体，有善有恶意之动，知善知恶是良知，为善去恶是格物。这四句话实际上是对 3.0 操作系统最好的阐释和注解，因此我们把"四句教"视为"王阳明操作系统"的集中表达。对这四句话的理解，将决定我们修身的深度和进展的程度，我们在第一章和第四章当中对此有多个层面的阐述。

实际上，这是一本人生使用说明书，人本身应该如何来用，人生应该如何度过，我们从哪里来、要到哪里去，如何抵达我们的目的地，人生的导航是什么，这些才是我们需要关注的重点，也是本书的核心内容。

如何善用本书

既然这是一本人生使用说明书，那么准确地讲，这本书不是用来读的，而是拿来"用"的。

日本儒学大师冈田武彦先生认为，阳明学是"体认之学，培根之学，是身心相即，事上磨炼之学"，是"行动哲学"。其实，儒、释、道三家显学，都是体证之学、行动哲学。

什么叫体证？你做了，才会有体验，有体验才会有感觉，有感觉才会知道。否则，即使告诉你一个结论，你也没办法相信，也没办法笃行，就变成了口耳之学。因此，修身到底有什么用，有什么好处，就像苦瓜到底是什么味道的，如果你不亲自去品尝一下，即使描述它的文章连篇累牍，你还是不知道，除非你开始去做。就像王阳明所讲的，"哑子吃苦瓜，与你说不得。你要知此苦，还须你自吃"。因此，你需要按照本书描述的步骤、流程、方法，自己去体验和证实。每当遇到问题或者稍有心得的时候，你不妨回过头来翻阅本书，相互印证，或许进步会更快。

以下事项还请你予以高度的关注。

首先，毕竟我们是要激活"王阳明操作系统"，建议读者先阅读《王阳明年谱》这本书，来了解王阳明。阳明先生波澜壮阔的生命历程当中蕴含着巨大的能量，需要我们持续用心地去细细体会。跟谁学，就照谁说的去做，不做则不如不学。我们与王阳明产生连接，以心印心，慢慢踏入心学乃至儒学的大门。阅读《王阳明年谱》的过程中，我们也可以读一些王阳明的传记辅助，以加深对阳明先生的了解。

其次，我们要反复阅读"修身四件事"以及"格物三部曲"，并努力地尝试践行，在日常生活当中开展修身练习，保持常观常照，深悟笃行，并常常回到"修身四件事"，力争常读常新，不可轻易懈怠。只有对这4个步骤有了感觉，我们才容易更进一步。

最后，我们要配合阅读王阳明心学原文，比如《传习录》《阳明先生集要》。可采取每天读诵、积少成多的方式，也可每周主攻一篇，一字一句地反复玩味，切问近思，与原文建立深度的连接。对《教条示龙场诸生》《示弟立志说》《告谕浰头巢贼》等经典原文篇目来说，甚至要"书读百遍"，方能体会到圣人之心、心学之要。展卷之际，读者之于此卷，必如"饥者之于食、病者之于药、暗者之于灯"，如饥似渴，尊崇笃信，自得于心，方能有些许进步可言。

同时，我们再读"培根固本学习法"，在勤读原文的同时，努力地践行，学而时习之，做到"五个务必"，慢慢积累，日日不断，厚积薄发。

有了初步的体验之后，我们可将感悟延伸到心学的源头《大学》《论语》《孟子》《中庸》等儒家经典当中，相互印证，厘清五千年中华道统发展的主脉络，一步一步"登堂入室"。

孔子说："朝闻道，夕死可矣。"

王阳明引用孔子的话说，"'四十五十而无闻'，是不闻道，非无声闻也"。阳明先生认为，孔子所说的"无闻"不是没有名声，而是没有闻道的意思。如果你刚刚二三十岁，就更应该努力地精进。因此，对我们来讲，不管处在哪个年龄段，都当以闻道为重任，修身齐家，努力地做一个顶天立地的人。

祝福大家在修身的过程中都有切身的收获，早日激活自己的 3.0 操作系统，走正道，实现人生跃迁。

01

第一章
如何拥有王阳明的 3.0 操作系统

人成长的过程，就好像从 DOS 升级到 Windows 的过程。我们学到的每一个技能、每一个工具，有点儿类似于 APP，但人与人之间的本质差别不在于 APP，而在于让 APP 得以运转的操作系统。真正卡脖子的是操作系统。王阳明的一生，就是激活 3.0 操作系统，并用这个操作系统立业、立德、立功、立言的一生。最大的个人发展之道，就是激活、运载 3.0 操作系统，生出物来则应、事去不留的不动心法。

第一节　3.0 操作系统成就了王阳明

《知行合一王阳明（1472—1529）》的作者度阴山写道："我最奢望的是，现世的不仅仅是《知行合一王阳明（1472—1529）》这本书，还应该是王阳明的灵魂。"哈佛大学著名教授杜维明断言：21 世纪将是王阳明的世纪。但其实，王阳明并没有独创什么，只是重新理解并阐发了孔孟之道，只是儒学大课堂里的又一名成绩优异的高才生。王阳明用通俗易懂的语言一针见血地指出，儒学是在讲心，圣人讲的都是心学。"圣人之学，心学也"，仅此而已。自此，你才会明白儒学是这般模样，这就是王阳明的价值所在。

王阳明如何激活自己的 3.0 操作系统

那么王阳明是如何认识到圣人之学就是心学的呢？当然，他并非一开始就有这么通透的认识，从 12 岁立志读书做圣贤到对儒家圣人之学真正有感觉，这中间他走了一段很长的弯路，被人称为"五溺"，"初溺于任侠之习，再溺于骑射之习，三溺于辞章之习，四溺于神仙之习，五溺于佛氏之习"。

他一直在往外走，离自己的心越来越远。有一个典型的案例，就是"亭前格竹"。为了弄清到底如何才能成为圣贤，他按照朱熹"格物穷理"的办法，对着自家院落里的竹丛一格就是 7 天，直到最后偃旗息鼓，还大病了一场。格竹事件给了王阳明一个沉重的打击，让他认为走儒家成圣的道路难乎其难。格竹事件实际上也是一个重大的信号，代表王阳明在"外求"的道路上一无所获，也为他以后否定朱熹埋下了伏笔。

有时，当自我努力不够时，外在环境的塑造力量便上场了。纵观英雄和伟人的成长历程，外在环境的塑造力量不可小觑、不可或缺，正所谓时势造英雄。乔布斯 12 年的放逐，曾国藩早年坐困江西，都是这种外在力量的体现。

对于王阳明来说，35 岁是一个刻骨铭心的年龄，人生的至暗时刻悄无声息地降临了。这一年，他上疏朝廷，为遭到陷害的谏臣戴铣等人求情，触怒了宦官刘瑾，被杖责四十大板，打入大牢。随后王阳明被抛到了一个与世隔绝、语言不通、瘴气弥漫的万山丛中，这就是贵州龙场。从一个"公子哥儿"，一下子被打落到人间底层，万里投荒、九死一生的经历，对人间冷暖的体验，对王阳明的内心产生了巨大的冲击。

很多人在遭遇人生的沉重打击的时候是弱不禁风、脆弱不堪的，一不小心就可能丧命。就像王阳明在那篇著名的《瘗旅文》当中提到的主仆三人，到达龙场不足两天便纷纷命丧黄泉，这就是当时残酷而又真实的生活环境。在巨大的生存危机面前，王阳明放下了一切，唯独生死之念没有解脱。他给自己弄了一个石椁，天天躺在里面，试图看透生死，并常常自问："圣人处此，更有何道？"终于，他在一个深夜顿悟"心即理"，不觉大叫而起，从者皆惊。他始知"圣人之道，吾性自足，向之求理于事物者误也"。这就是著名的"龙场悟道"。此时已经是两年之后，王阳明 37 岁。

当什么都没有的时候，人还有一颗心。心中自有定盘针，心中自有导航，我们如果跟着自己的心走，自然可以到达理想中的目的地。而人人皆有此心，圣人有此心，凡人也有此心，此心是一不是二，圣人有的，我们也有，"圣人之道，吾性自足"，所以人人心中有仲尼，人人皆可以为尧舜。所以，"四书五经"在讲什么呢？孔孟在讲什么呢？都是在讲心。找到了心，我们就找到了打开万事万物的开关。

王阳明于是"默记五经之言证之"，用"四书五经"的言论来解证，"莫不吻合"。通过龙场一难，王阳明终于激活了自己的 3.0 操作系统。心就是每个人本有的 3.0 操作系统。很多时候，不经历黑暗，人不知道光明的可贵。这段经历虽然令人唏嘘，但实际上也是王阳明人生当中的一段奇遇。我们再来细细地梳理，王阳明龙场悟道悟出的到底是什么？"心即理"。

"心即理"是王阳明心学的三大基石之一，另外两个是"知行合一"与"致良知"。但"心即理"对于王阳明来说更为重要，也是他成为圣贤的基础，走向辉煌人生的关键。"心即理"是阳明先生悟道之路上的 1，其他都是 0，没有这个 1，就没有后来的很多个 0。虽然"致良知"3 个字可能更为你所熟悉，虽然"知行合一"4 个字可能流传更广，"心即理"这 3 个字却更为关键。"心即理"是根本，是方向，是目标，是本质，然后"致良知""知行合一"是达到目标、洞见真相的方法而已。

"心即理"到底是什么意思呢？我们再细细地回看一下这3个字是在什么情况下被提出的。

当时的王阳明身在龙场，不断自问："圣人处此，更有何道？"最后他终于在一个深夜大悟，始知"圣人之道，吾性自足，向之求理于事物者误也"。这个时候他才知道，一味向外求，纠结在各种外在事物上，是错误的，这条路行不通。王阳明身处极端恶劣的环境，不知道下一步是生是死，不知道接下来该何去何从，于是只能不断地自问："我到底该怎么办？"所以他才有求教于圣人的举动，"圣人处此，更有何道？"，如果圣人处于我这样的境地，他们会怎么做呢？

我们看到，王阳明此时心神不宁，不知道如何应对当下的挑战，一直在寻找答案。王阳明希望圣贤能给他一个答案，希望别人能给他一个答案，希望外界能给他一个答案。但是他忽然意识到，错了！错了！圣贤给不了他答案，外人给不了他答案，答案不在外面，答案就在自己心中。

与其在事上求，在外面求，他不如转向自己，找到了心，就找到了解决问题的根源。因此，王阳明顿悟"圣人之道，吾性自足"，我的心跟圣人的心并没有分别，都是一颗心，人皆可以为尧舜。因此王阳明顿悟"心即理"。"理"在何处？"理"就在我心中，我心即答案，与其"求理于事物"，不如求理于我心。总开关就在我心上，我还求什么答案呢？我还为什么到处问人呢？我还在事事物物上纠结什么呢？

大家知道，知乎是一个问答平台，里面存在各种各样的问题，比如怎么变美？怎么变有钱？怎么变自律？怎么不浮躁？怎么让人喜欢自己？……我们遇到难题的时候，一般是一种什么样的状态呢？会到处去寻找答案，对不对？这个怎么办啊？那个怎么办啊？有没有人能告诉我一个答案啊？天哪，给我一个答案吧……

其实，天是不会给你答案的，其他人也不会给你答案，看似有很多人在回答你的问题，但是都解决不了你的问题，因为你的心还是那颗心。当你问了很久之后，某一天你实在是太累了，于是睡着了。迷迷糊糊之中，你好像听到一个声音在说："你自己就是答案啊，你的心就是答案啊。"于是你一下子惊醒了，自言自语："对啊，'圣人之道，吾性自足'，我在外面绕了十万八千里，问了无数人，折腾了这么久，都是在瞎折腾，解决问题最根本的东西就在我身上。""心即理"，一切都是心的反映，外在的世界就是一面镜子，反射的是你的心，只要改变了你的心，外在的世界就改变了。

你与其在事事物物上寻求一个说法，期望自己去改变世界，不如转向自己，改变你自己的心。外在的世界很遥远，什么都抓不住，心却很近，就在你身上，你抓住你的心，就抓住了世界。

"心即理"用另一句话来讲，就是"心即世界"。你要想知道你的心是什么样子的，看看你眼中的世界就知道了，所以怀着什么样的心看世界，你眼中的世界就是什么样子的。

每个人眼中的世界都不同，因为每个人的心不同。所以人与人之间的差别，本质上是心与心的差别。你过成这个样子，有这样的遭遇，遇到这样的问题，有这样的人生，不在于他人，不在于环境，不在于这个世界，而在于你的这颗心。

这就是"心即理"的道理，就是"心学"叫"心学"的根本原因。直到悟到了"心即理""心即世界"，王阳明才意识到：我不用去管世界，管好自己的这颗心就够了。

"心即理"的意思就是，心是 A，理是 B，A=B，既然 A=B，在 B 上面解决不了的问题，那就直接回到 A 好了，A 可以把握，抓住 A 就抓住了 B，就抓住了一切。因此才有"天地万物为一体""心外无物、心外无事""身之主宰便是心"等一系列的心学原理，都是一以贯之的。

我们再进一步来看下面的内容。

你肯定有过用电脑在投影幕上演示幻灯片的经历。假如我们在投影幕上发现了某个问题，比如有一个地方书写错误，这时我们会用电脑去修改 PPT 源文件，对不对？我们绝对不会直接在投影幕上面修改，因为那里修改不了。投影幕上投射出来的画面相当于"你的世界"，电脑里的 PPT 源文件相当于"你的心"。我们在投影幕上看到的画面，和电脑里的 PPT 源文件是相同的，"你的世界"就是"你的心"的投射，这就是"心即理"。

不过很多人不相信或者不愿意承认"投影幕"上的世界就是心的反映，他们在"投影幕"上搞各种动作，期待改变这个世界，结果肯定是白费功夫。这就是"求理于事物者误也"的道理所在。

正确的路径是回到你的心，回到电脑的源文件，当源文件修改好了，你的世界自然就得以修正，这就是"圣人之道，吾性自足"的道理。这就是"心即理"这 3 个字的意义所在。这就是王阳明激活自己的 3.0 操作系统的过程。

"心即理"改变了王阳明，让他有了龙场悟道的经历，而龙场悟道又是王阳明一生的转折点，也是中国思想史上里程碑式的大事件。

而对我们来说，如何去改变世界，如何去度过一个有意义的人生，可能都要回到"心即理"上，回到自己的心上。

现在我们知道了"心即理"，知道了"心是万事万物的总开关"，知道了心才是自己的操作系统，那么如何才能激活这个操作系统呢？方法就是"知行合一""致良知"，就是"事上练""格物致知""诚意正心"。接下来我们一一探讨这些方法。

王阳明的药方

龙场一悟后，王阳明激活了自己的 3.0 操作系统，意识到心是万事万物的总开关。一个人哪怕再渺小，再卑微，只要他激活了自己的 3.0 操作系统，人生或许会随之改变。

王阳明在自己生活的阳明洞上建了自己的第一座书院——龙冈书院，以便向当地人以及来到龙场求学的人讲学。为了帮助大家认识到自己的心，他首先告诫学者要立志、勤学、改过、责善，这就是著名的《教条示龙场诸生》。

在这篇学规当中，他开门见山地指出："志不立，天下无可成之事……故立志而圣则圣矣，立志而贤则贤矣。"

如何才能成圣成贤？如何才能成事？

立志是王阳明给世人开出的第一张药方，也是他终生强调的关键词。我们可以理解此时的王阳明，刚刚经历生死之劫，获得顿悟，好像发现了一块新大陆，突然闯入了一个新世界，他想把自己知道的告诉更多的人。

这非常像柏拉图哲学的基本理念"洞穴隐喻":洞穴中有一群囚徒,他们从小就生活在这里,手脚都被绑住了,无法回头也无法移动,只能看到洞穴最里侧的石壁;在他们身后有一堆火,这堆火是洞穴中唯一的光源。而在这堆火前面,有一些人正拿着纸人、纸马等道具在不停地晃动。火光将这些道具的影子投射到洞穴里侧的石壁上,这是囚徒们所能看到的唯一的东西。他们以为眼前的影子就是全部的真实世界。

然后有一个囚徒被解除了枷锁,可以随处走动,看到洞穴里的场景。他立刻发现了石壁上光影的荒谬。他走出洞穴,看到大地、天空、海洋,看到一个更广阔的世界。

此时他面临两个选择:一是走出去不再回来;二是返回洞穴解救其他人,告诉他们到底何为真相。

王阳明就是这样一个走出洞穴的人。他选择了第二种方式,把自己的发现告诉更多的人。但他们会相信吗?他该怎么让他们相信呢?他如何让更多的人也能够像他一样获得顿悟,拿到人生的掌控权呢?

他想到自己 12 岁时的志向,想到自己一路走来的千辛万苦,想到自己的"五溺",想到自己对儒家圣学的多次怀疑。于是他想告诉世人,不用怀疑,要笃定一条路,走正道,才能少走弯路。他想告诉世人,不用在外面寻求,不要浪费光阴,不要像无舵之舟、无衔之马一样漂荡奔逸,回到自己的心,为善去恶,就是最终的归宿。

于是他拈出了一个关键词:立志。

一个人要想真正改变自己,就必须立志成为君子,立志成为圣贤,立志为善去恶,只有坚定这个方向,矢志不渝,才有机会最终成事。

"立志"这个关键词，贯穿了王阳明此后的教学生涯，每当有人来请教如何学习、如何成为圣贤的时候，他都毫不犹豫地指出，要立志。

王阳明在龙场开设书院，传道授业，大讲圣人之学，这件事传到了一个人的耳中，这个人就是贵州提学副使（相当于省教育厅副厅长）席书。

席书以提学副使的身份亲自跑到龙场，想看一看王阳明到底是何方神圣。席书一开始向王阳明请教"朱陆异同"。王阳明避而不谈朱熹和陆象山之间到底有什么异同，只跟席书讲"心即理"，讲"吾性本自明"，讲你要关注自己的那颗心。席书悟性颇高，几次前往龙场，在王阳明的指点下，很快便有所领悟，"往复数四，豁然大悟，谓圣人之学复睹于今日"。于是席书便牵头筹建了贵阳书院，延请王阳明主持贵州的教育大业。

王阳明在贵阳书院没有讲传统的科举考试过关秘诀，讲的是"知行合一"。这是王阳明向世人开出的第二张药方。

什么是知行合一？其实讲的还是那颗心。

心自然知，心自然能，如好好色，如恶恶臭。见到好色属于知，喜欢好色属于行。人见到好色就喜欢上了，不会想一想再喜欢，中间没有间隔，这就是知行合一。闻到恶臭属于知，厌恶恶臭就是行。人闻到恶臭的当下就会生起厌恶之情，不会想一想之后才厌恶，中间不会有思考，这就是知行合一。

这个知，不仅仅是知道，更是一种本能的觉知，或者是王阳明后来所提到的另外一个概念：良知。根据良知的指引去做，自然就是知行合一，自然就能知行合一。

你的心自然会知，你的心里自然有答案，根据内心的知去行，自然就知行合一。你的心就是理，心自然会指引你按照理的方向去走，自然就会知行皆合于理，合于道。见到孺子将要入井，你自然生恻隐之心，自然知道要去救，你按照内心的声音、良知的声音去做就好了，自然就能知行合一。

你的心虽然知道要去救，但因为被私欲遮蔽了，你并没有做到，那就是知行不一了。知行不一，不是行出现了问题，而是知出现了问题，你自以为知道，却不是真的知道。唯有真知才能真行，你真的知道了，自然就行得出来。要想真的能行，你就必须去除内心的私欲，从而听到内心真实的声音，然后才能知行合一。因此，知行合一就是王阳明尝试带领更多人激活 3.0 操作系统的另外一个方法。

王阳明讲知行合一，本意是引导人们关注自己内在的那颗心，恢复内在的良知。正如孟子所讲，"学问之道无他，求其放心而已矣"。把失去的心再找回来，就是根本的学问之道。人只有找到这颗真心，找到这颗不学而知、不虑而能的真心，才能真的做到"随心所欲，而不逾矩"，不然一味在行为上用力，要求自己谨言慎行，反而会无知而任意胡为，事倍功半。

"一念发动便是行"，所以我们要在心的发动处保持戒慎恐惧，随时省察克治，不断为善去恶，才能保持这颗心活泼泼的，否则被私欲遮蔽，一不小心众恶就会相引而来。只有在源头上下功夫，保持这颗心活泼泼的，保持这颗心的纯净无染，然后反映到待人接物上，才会无所不可、无所不当，因为心外无事、心外无物、心外无理。这才是知行合一的真意。其实它和"心即理"是一致的，是在讲同一个内容。

自此我们知道了，要想激活自己的 3.0 操作系统，首先要立志，其次要能够做到知行合一，根据心的指引去行。

王阳明结束了在贵州近 3 年的贬谪生涯，被擢升为江西庐陵知县，终于要离开这个人生当中的重要驿站了。

在去江西赴任的路上，他在辰州（今湖南怀化沅陵县一带）遇到了冀元亨、蒋信、刘观时等多名弟子。他们都是他当年赴难龙场途中所收的弟子。经历生死磨难之后再次见面，王阳明看到弟子们精神卓立，心中的兴奋可想而知。于是王阳明带领弟子们在当地的龙兴寺静坐共修，指导他们悟道。

当年收这些弟子的时候，王阳明还没有悟道，如今几年过去，恍如隔世，有机会再次见面，而且自己的领悟和境界已今非昔比，自然要把这最新的领悟传授给弟子们。王阳明开出的第三张药方就是静坐。

他后来写信给冀元亨等人说："前在寺中所云静坐事，非欲坐禅入定。盖因吾辈平日为事物纷拿，未知为己，欲以此补小学'收放心'一段工夫耳。"这段话的意思是：我让你们静坐，不是让你们真的像禅宗那样修禅入定，而是要你们从纷纷扰扰的杂事当中解脱出来，回归到自己的内心，把自己外放的心收回来。因此，修心是目的，入定不是目的，别搞错了。

王阳明所说的静坐与禅宗所讲的静坐不是一回事，禅坐的目的是放下万缘，一心清净，以期开悟；而王阳明所说的静坐，只是让自己安定下来，从事上回到心上，观察自己的起心动念，保持省察克治，随时随地为善去恶而已。一个是观空，另一个是观念头，这就是两者本质的不同。

4年后，在南京太仆寺少卿任上时，王阳明来到了滁州。这时追随王阳明的人越来越多，甚至他每次出外游学，都有数百人跟随，声势浩大。一开始王阳明指点他们的方法也是静坐，不过很快，他就不提静坐，而专提"致良知"了。

他说，一开始看到大家都是追逐各种概念和名词，每个人的理解都不一样，所以姑且让大家不要再讨论了，"闲讲何益？"，还是坐下来，让自己保持收敛的状态，以求自得于心；慢慢地他又发现大家越来越好静厌动，甚至刻意追求那种玄之又玄的奇妙感觉，将知行分开了，有流入枯禅之嫌，所以他就专门提"致良知"，而不再提静坐了。

是不是静坐就不好呢？也不是，人只是一味静坐，不知道去事上体悟，那么就算把蒲团坐烂，也无济于事。

王阳明说，从滁州到现在，他考量过很多次，"知行合一"也好，"静坐"也好，"心即理"也好，还是觉得"致良知"三个字最贴切，不易被歪曲和误解。只要良知清澈无染，不管是静坐，还是事上练，不管是静还是动，大家都可以收放自如。

什么是良知？

孟子说："人之所不学而能者，其良能也；所不虑而知者，其良知也。"你那不虑而知的东西就是良知。王阳明说："良知者，孟子所谓'是非之心，人皆有之'者也。是非之心，不待虑而知，不待学而能，是故谓之良知。是乃天命之性，吾心之本体，自然灵昭明觉者也。"

什么是"致良知"？

王阳明认为，"所谓致知格物者，致吾心之良知于事事物物"。就是在事事物物当中去行那不学而能、不虑而知的东西，去行那个良知良能，行那个是非之心。所以从龙场到滁州，从"知行合一"到"致良知"，王阳明试图通过不同的关键词来传达圣人之学，经过反复试验比较，最后选定了"致良知"这三个字。

从龙场开始，王阳明就有良知的体悟了，只不过好像卡在了嗓子眼儿里，说不出来。为了跟大家说清楚自己的想法，他用了各种各样的词语，费了很多口舌，如今有幸拈出"良知"这个词，一语中的，一清二楚，真是痛快。

根据施邦曜辑评版的《阳明先生集要》，从王阳明 43 岁开始，他便专门以"致良知"教导学生，把"致良知"作为这门学问的核心宗旨。后来经历南赣剿匪、宁王之乱、谗言诽谤的王阳明，越发见得良知的真切，就对"致良知"确信不疑了。他后来告诉学者："某于此良知之说，从百死千难中得来，不得已与人一口说尽，只恐学者得之容易，把作一种光景玩弄，不实落用功，负此知耳。"

这就是王阳明给出的第四张药方——致良知。

有一次，王阳明的弟子陈九川前往赣州向老师求教："近来功夫虽若稍知头脑，然难寻个稳当快乐处。"意思是说，最近这段时间，虽然学业上稍稍能够抓到一些关键，然而还是很难有稳定安心的感觉。王阳明说："尔却去心上寻个天理，此正所谓理障。此间有个诀窍。"

陈九川便追问是什么诀窍。王阳明说："只是致知。"只要致良知就可以了。

陈九川不解："如何致？"王阳明接着回答："尔那一点良知，是尔自家的准则。尔意念着处，他是便知是，非便知非，更瞒他一些不得。尔只不要欺他，实实落落依着他做去，善便存，恶便去。他这里何等稳当快乐。此便是格物的真诀，致知的实功。"你要抓住你那一点儿良知，良知就是你自己的导航和指引，一旦遇事，意念发动处，它自然就知是非，根本瞒不得它。你只要不欺骗它，老老实实地跟着它的指引去做，善的念头就保持，恶的念头就去除，就会非常稳当，再也没有比这更快意的了。

每个人都有良知，圣人有，普通人也有，遇到事情，当起心动念的时候，良知自然知道这念头的好坏，只要好的就坚持，坏的就摒弃，根据良知的指引去做，抓着这个良知不放，久久为功，自然畅通无碍。只怕你矫揉造作，不肯承认好坏，掺杂了个人得失之私欲，然后便有了自欺欺人之举，良知便再也发挥不了作用。

综上可见，从龙场悟道，始知"心即理"，到提出立志、知行合一、静坐、致良知等药方（当然，不止这些，还有事上练、格物、诚意等，不一而足），王阳明试图将自己悟到的那个道打散了、揉碎了传递给世人，然后才有阳明心学问世，建立了儒学的又一座高峰。

这里虽然用了"第一张药方""第二张药方"等顺序的概念，但只是为了说理的方便，不一定真的符合王阳明当年提出这些概念的确切时间先后。

如果说从 12 岁立志，到 37 岁龙场悟道这段历程是王阳明激活自己的 3.0 操作系统的过程，那么心即理、立志、知行合一、静坐、致良知、事上练、格物、诚意等，就是王阳明在激活自己的操作系统以后，试图告诉世人如何激活自己的 3.0 操作系统，从而走出"洞穴"。

从这个角度看，王阳明的一生，就是一个激活 3.0 操作系统，并教会更多人激活 3.0 操作系统的过程，就是一个自利利他、正己正人的过程，就是一个首先自己明明德，然后带领更多人明明德的过程。他的一生充分地诠释了《大学》第一章中的话："大学之道，在明明德，在亲民，在止于至善。"

第二节 王阳明操作系统的集中表达：四句教

什么是 3.0 操作系统？人心也，良知也，天理也，道也。"天理""良知""人心""道"均指向人最初的、最本质的操作系统。

王阳明 57 岁去世。在晚年，他提出著名的"四句教"：

"无善无恶心之体，有善有恶意之动，知善知恶是良知，为善去恶是格物。"

这四句话实际上就是对 3.0 操作系统最好的阐释和注解。因此，我们把"四句教"视为"王阳明操作系统"的集中表达。

王阳明操作系统的核心组成有以下内容。

1. 天理

天理是 3.0 操作系统的内核，体现为各种不同的第一性原理、原则。它揭示了这个宇宙的运行规则，向人们揭示了事物本来的样子。

"天理"实际上是宋明儒学最核心的价值主张，是理学的核心思想。北宋哲学家程颢（字伯淳，号明道，世称"明道先生"）曾首次提出："吾学虽有所受，'天理'二字却是自家体贴出来。"程颢认为自己对儒学最大的贡献，就是提出了"天理"学说。

在明道先生看来，"万理归于一理"，所谓天、命、道，只不过是"理"的不同称谓而已。万物由一理贯之，"理"作为本性自然也存在于人自身当中。经过朱熹的进一步升级，"天理"学说成为程朱理学的理论基石，被后来的理学家所广泛认同，为儒学更深入广泛的发展奠定了基础。

"天理"在王阳明心学当中也是一个非常重要的概念。

程颢认为，性即理，本性即天理。而在王阳明看来，心即理，本心即天理。王阳明说："夫心之体，性也；性之原，天也。能尽其心，是能尽其性矣。"性是心之体，性的源头是天，即天理。

因此，天理是 3.0 操作系统的内核，我们所有的努力和训练，都是为了连通天理、恢复天理，让天理在我们身上呈现出来，如此才能与天地万物合一，顺道而行。

无论是"立志"，还是"知行合一"，或是"惟精惟一"，王阳明认为，"一"就是天理。

有弟子问王阳明："主一之功。如读书则一心在读书上，接客则一心在接客上，可以为主一乎？"

王阳明反问："好色则一心在好色上，好货则一心在好货上，可以为主一乎？"他毫不客气地指出："是所谓逐物，非主一也。"这是"逐物"，根本就不是"主一"。然后他接着说："主一是专主一个天理。"时时刻刻专注、聚焦在天理上，这才是真正的"主一"。

什么叫专注？什么叫精通？什么叫专业？"是故专于道，斯谓之专；精于道，斯谓之精。"专注在道上，才叫专注；精通于道，才叫精通，才叫专业。这里的"道"，就是天理，天理就是上文提到的"一"。

1511年，龙场悟道后的第3年，王阳明来到北京，由庐陵知县调任刑部，后改任吏部主事，也就是一个吏部的小主管。当时的礼部尚书乔白岩先生与王阳明有一次对话。

王阳明告诉乔老爷子"学贵专"，学习一定要专注。乔老爷子说："是的，我认同。我小时候喜欢下棋，以至废寝忘食，眼里看到的都是棋，耳朵里听到的都是棋，用了一年时间就打败了全乡的高手，用了三年时间就成了全国第一，这大概就是你所讲的'学贵专'吧。"

王阳明再次告诉乔老爷子"学贵精"。乔老爷子说："是的，我认同。我在青年时代喜好文学，一字一句推敲，深入研究诸朝历史、诸子百家，一开始追溯到宋唐，后来又沉浸于汉魏，确实是学贵精。"

王阳明不置可否，又告诉乔老爷子"学贵正"。乔老爷子说："是的，我认同。我到中年以后才喜好上圣贤之道，对下棋我后悔了，对文学我感到惭愧了，我对它们都提不起兴趣了，只一心在圣贤之道上，这样可以吗？"

王阳明表示认可，于是说出了这句话："**是故专于道，斯谓之专；精于道，斯谓之精。**"

对于我们自己也是如此，学习不是背诵很多知识点，从而考第一名，不是积累很多概念，显得自己很有学问，也不是做个熟练工，像机器人一样被动地工作，而是"学贵正"，学走正道，明乎天理，以假修真，借事修心。

真正的武术高手，都不仅仅是一个拳师而已；真正的木匠，都不仅仅是一个刨木工而已……

如日本著名家具厂家"秋山木工"的创始人秋山利辉先生。他不仅仅是一个木工，更是一个修身齐家治业利天下的传道者。秋山利辉认为，工匠精神的核心应该是孝心。他用 95% 的时间和精力教徒弟怎么做人，而仅用 5% 的时间和精力传授他们技术，每一批学生都要学习整整 8 年才能结业。在这 8 年里，他对每个学徒都要进行封闭式管理，他们要剃光头，要定期给父母写信，不许用手机，不准谈恋爱，每天背三四遍"匠人须知 30 条"，每天反省自己。

真正的高手都不单纯是某个领域简简单单的熟练技工，其必须有"道"，必须是"道"的传承者。

我们所有的学习，最终都是为了体悟天理，因为这个天理就是道，专注于这个道，才能有机会成为真正的高手，这就是"学贵正"。

所谓圣贤，按照王阳明的理解，只是其心纯乎天理而已，"人到纯乎天理方是圣，金到足色方是精"。因此，圣贤一定是有道的人、见道的人。

在学习、体悟 3.0 操作系统的过程当中，我们要随时"专主一个天理"，甚至是"念念要存天理"，不断通过各种努力让自己的内心纯乎天理，然后才有机会"闻道"。

在日常生活、工作中，我们需要养成一种思维习惯——此时何谓天理？

稻盛和夫把"作为人，何谓正确？"作为自己思考的原点和判断的基准，因此正直、不撒谎、不贪婪、不给别人添乱、待人亲切……这些好像是给孩子们讲的道理被他提升到了一个重要的维度。

为什么？稻盛和夫说："经营也是人做的、以他人为对象的一种活动，因此在经营活动中，什么是该做的事，什么是不该做的事，这种判断也不能偏离作为人最基本、最起码的道德规范。人生也好，经营也好，应该遵照同样的原则，只要遵守这些原理、原则，就不会犯大错误。"

这些原理、原则实际上就是本文提到的天理。因此，当遇人遇事，我们也要时常自问，此时何谓天理？此时要如何做才合乎天理？然后我们努力地按照天理的要求去做。

当上厕所的时候，你问"此时何谓天理"，那就靠近了再方便，往前一小步，文明一大步；当开完会的时候，你问"此时何谓天理"，那就把椅子推进去靠着桌子，不需要别人再来收拾；当扫地的时候，你问"此时何谓天理"，那就把犄角旮旯也清理妥当，不留死角；当送客的时候，你问"此时何谓天理"，那就把客人送到门口，站着看客人远去，一直到看不见了再回来。

这就是把"此时何谓天理"作为自己思考的原点和判断的基准，一切以天理为准绳来要求自己。

2. 人心

人心是这个操作系统的接收器和发射器。它体现为各种起心动念。人之为人，在于人心。人的本质就是这一颗心。

天理和人之间，通过人心来交流沟通，人心就好像安装在人身上的一个感应装置。正如王阳明所言："心不是一块血肉，凡知觉处便是心，如耳目之知视听，手足之知痛痒，此知觉便是心也。"因此，在 3.0 操作系统当中，另一个重要的组成部分就是人心，它是天理的接收器，也是天理的发射器。

心即理，人心就是天理，人心和天理是一不是二，是统一的而不是分割的。

在王阳明看来，人心还有一个名字，就是良知。他说："心即良知，生天生地，成鬼成帝，皆从此生。"不仅如此，心、良知、天理、道、天、命、仁、义、礼、智等，都是指向同一个事物，只是用不同的名称表述而已。

陆象山说，"六经皆我注脚"。或许你会不解：不是我去注解六经吗？怎么成了六经注解我呢？是的，你没看错，不过不是六经注解我，而是六经注解我心，六经讲的都是我心，都是这颗心。你去看六经，就会知道这颗心是什么样子的，这颗心该如何运作。

真正主宰你的人生的不是你的双手的力量，不是你的身体，不是你的人脉、资源，不是你的知识和能力，而是你的心。如果你不在心上下功夫，而只在事上下功夫，只是在外部世界去折腾，很可能事倍功半甚至南辕北辙，只能过一种到处碰运气的人生。

我们如果想掌控自己的命运，收获一个理想的人生，就必须从外物上回到心上，让心能够发挥引导作用，才能从根本上解决问题。

其实，你与其在外面辛苦地解决一个又一个问题，不如回到心上，让心发挥作用，那么很多问题便自动消失了，这才是一了百了的方法。当你在 3 楼的时候，你会觉得 3 楼的好多问题自己解决不了，但是当你来到 6 楼，原来在 3 楼时困扰你的问题可能便不再是问题，因为你的心变得不一样了。因此，我们在这里提出一个重要的原则，就是"人心第一"。

所谓"人心第一"，其根本意义在于，"人心即入口"，如果你想真正改变自己，请把人心视为第一位，请从人心这个入口进去，进而开发内心的力量，然后才有机会改写人生。如果你有无数个自我改变的方法和工具，那么请把人心列为第一个，列为最重要的一个，优先尝试这个方法，优先从这里下手。"人心即入口"，你进了这道门，一切都会随之改变。

3. 念头—行为—结果

它属于这个系统的创造组件，在心的指挥下工作。念头—行为—结果，念头决定行为，行为决定结果，人有什么样的念头，就会有什么样的行为，进而导致什么样的结果。

从人心这个入口进来以后又该怎么办呢？毕竟心看不见，摸不着，我们应该从哪里下手呢？

心虽然看不见，摸不着，但是体现为各种起心动念，这些起心动念是可以抓住和把握的，因此念头就成了修炼内心力量的抓手，我们称之为"念头即法门"。

善念导致善行，恶念导致恶行，一个善意的念头能够创造出美好的结果，一个恶意的念头最终只会搬起石头砸了自己的脚。用稻盛和夫的话来讲，就是善意的动机引导事业走向成功，动机至善，私心了无，则结果一定会成功。

但人不会那么容易就能做到"动机至善，私心了无"，这需要长期修炼。所谓"念头即法门"，就是我们不断修正自己的念头，为善去恶，"善念存时，即是天理"，天理存时，自然就能够正道而行。

念头有善有恶，我们就需要常常对"念头—行为—结果"这个创造机制进行调适，这就涉及下一个组件。

4. 存天理、去人欲

它属于 3.0 操作系统的调适组件。念头虽然具有能量，但是念头有善有恶，所以我们就有必要对念头进行有效的管理，让善念得以被保存，让恶念得以被去除，从而确保这个创造机制一直处于正念正行的状态。

"为善去恶是格物"，这存天理、去人欲的功夫就是格物的功夫。因此我们在这里提出第二个重要的原则，就是"格物第二"。当从人心这个入口进来以后，我们就要抓住念头这个法门，不断地为善去恶，不断地格物。所以人心第一，格物第二。

格物就是格念头，修正念头，让念头保持在纯善的状态。

王阳明说："只要去人欲、存天理，方是功夫。静时念念去人欲、存天理，动时念念去人欲、存天理，不管宁静不宁静。"他又说，"吾与诸公讲'致知''格物'，日日是此，讲一二十年，俱是如此。诸君听吾言，实去用功。见吾讲一番，自觉长进一番。否则只作一场话说，虽听之亦何用？"

王阳明所讲的存天理、去人欲，格物致知学说，就是功夫，天天如此，讲了一二十年，也是如此。大家只要认认真真、老老实实地去践行就好了。

我们再回到王阳明的四句教：

无善无恶心之体，

有善有恶意之动，

知善知恶是良知，

为善去恶是格物。

"无善无恶心之体"讲的是 3.0 操作系统中的"人心"部分，是指接收器、发射器是无善无恶的，与天理相通。

"有善有恶意之动"讲的是"念头—行为—结果"部分，当被私欲遮蔽以后，人心就无法正常地发挥作用，从而产生了善恶之别，善念导致善果，恶念导致恶果。

善恶之念发生之时，人心是知道的。"知善知恶是良知"讲的同样是人心，人心知道发生了什么，知是指良知，人心即良知，只要我们不欺骗自己，善便存，恶便去，何等简易快捷！

但很多时候，人并没有那么自觉，喜欢自欺欺人，于是就不得不依靠调适组件来进行刻意的修正。"为善去恶是格物"讲的就是"存天理、去人欲"这个调适部分。

"无善无恶心之体"是在讲我们要到哪里去。目的地是人心，亦是天理。我们只有抵达人心，抵达天理，抵达良知，才能取用人心的力量、天理的力量、良知的力量，才能心生万法。

"有善有恶意之动"是在讲阻碍。在前往目的地的过程中，我们主要面临的阻碍是什么？是人欲。人欲如同深不见底的泥潭，稍不留神，人就会掉进去，越陷越深，甚至无法自拔。

"知善知恶是良知""为善去恶是格物"是一种方法论，告诉我们如何克服阻碍，如何战胜人欲，如何到达目的地。"知善知恶"是知，是致知。"为善去恶"是行，是格物。我们只有做到知行合一，致知格物，方能逢山开路，遇水架桥。

这就是 3.0 操作系统，这就是"王阳明操作系统"。

第三节　个人发展之道：系统制胜

真正"卡脖子"的是操作系统

王阳明所在的时代既没有电脑和手机，也没有操作系统。假设王阳明穿越到 500 年后的当下，他大概不会否认操作系统的重要性以及心学对于激活一个人的操作系统的意义与价值。

度阴山说："人皆可以为王阳明。人皆有良知，致良知到光明，就是王阳明。所以，所有人，只要你肯致良知，你就是阳明心学的联合创始人。"

笔者提出操作系统的概念，只是一种与时俱进的对阐释阳明心学的尝试，我们每个人都可能是阳明心学的联合创始人，都可能有责任和义务去为往圣继绝学。

从功能机到智能机的转变，标志着移动互联网新时代的开启。功能机和智能机的本质区别在哪里呢？智能机的优越性在于其独立的操作系统，而功能机没有这样的操作系统。

人也是如此，即使你花了很多钱，买了很多顶端的工具，参加了很多高端的培训，学习了很多高深的知识，混进了一流的圈子里，如果自己的操作系统没有及时有效地更新，那么这些努力最终都极有可能是镜中花、水中月。就像运行着 DOS 系统的计算机，却希望装载无限多有趣有内涵的智能手机 APP，实际上是不太现实的。

因此，人与人之间的本质差别不在于 APP，而在于让 APP 得以运行的操作系统。

我们学到的每一个技能、每一个工具，有点儿类似于 APP，我们有时会羡慕别人拥有很炫酷的 APP，于是也想下载来用，便开始拼命学习，到处上课，或者一路复制，却忘记了去开发支撑这个 APP 运转的那个操作系统。只知道下载 APP，却不知道搭建操作系统，又有什么用呢？

APP 也许可以随意地复制，但是操作系统是无法轻易复制的。国内智能硬件厂商要独立地建设一个操作系统异常艰难，从华为为研发操作系统"鸿蒙"所做的努力便可见一斑。真正"卡脖子"的是操作系统。

当年"鸿蒙之父"王成录博士向任正非建言，必须把根基抓在手里，华为要做自己的操作系统。如今华为的鸿蒙系统成为继安卓和苹果 iOS 之后的全球第三大手机操作系统。

个人发展的关键在于系统

阿里巴巴前 COO（首席运营官）关明生有言，同样是企业，为何有的企业转瞬即逝，有的却长生不死？关键在于"道"。

从个人层面来讲，同样如此。为何有的人能够穿越历史，死而不亡者寿，为万世开太平，影响几十年、几百年甚至几千年的人类历史；有的人则转瞬即逝，来过与没来过毫无区别？就像《了凡四训》中所言："思古之圣贤，与我同为丈夫，彼何以百世可师？我何以一身瓦裂？"关键也在于"道"。

这个道，就是 3.0 操作系统，就是心，就是良知。

人依道而行，走正道，才能少走弯路。正如王阳明所言，依良知而行，即是循天理而动。循天理而动，必得天助。

这就是最大的个人发展之道，以系统对抗不确定性风险，系统制胜。因此，人来到这个世界上，短短的一生能否成事，关键在于有没有道，有道则成，无道则败。

"自天子以至于庶人，壹是皆以修身为本"，一个人要想有道，就必须修身。富只能润屋，德才能润身，厚德才能载物。

我们在上文中提到"学贵正"，其中"正"就是正道，就是道。学贵走正道，我们要专注于道，精通于道。

扫地不是为了扫地，而是为了体验道，所以就出现了扫除道。日本的键山秀三郎先生，数十年如一日地坚持扫除道，并将其推广至全日本、东南亚乃至全世界。他开一个扫除大会，动辄有上万人参加，这就是"道"的力量。

做木工也不是为了做木工，而是为了体验道，所谓工匠精神，其实就是一种工匠之道。日本的秋山利辉先生，坚持把这种工匠之道浸透于木工当中，成就了一个世界级的木工品牌。

做企业也不是为了做企业，而是为了求道。稻盛和夫的京瓷哲学、稻盛哲学，实际上就是一种经营企业、经营人生之道。没有稻盛哲学，就不会有京瓷、KDDI。人有道，则可以成就一番事业；没有道，最终只能一事无成。

写作文也不是为了写作文，而是为了求道。"文以载道"是中国知识分子的优秀传统，我们写文章一定要承载道，不然就会玩物丧志、舍本逐末。

工作也不是为了工作，而是为了在工作中修行，在工作中求道。工作是磨炼灵魂、提升心灵的方式。

扫地也好，做木工也好，做企业也好，写作文也好，工作也好，我们都是为了求道，只有借事修道，最终才能走出自己的一番天地。

"是故专于道，斯谓之专；精于道，斯谓之精。"很多人没有专注在道上，而是专注在小技上，因此不会有所成就。很多人扫地仅仅是扫地，写文章仅仅是写文章，教书仅仅是教书，上班仅仅是上班，干活仅仅是干活，而没有去求道。

何谓道？心即道。我们在文中将其称为 3.0 操作系统。

稻盛和夫说："一切始于心，终于心。人生由'心'开始，到'心'终结。这就是我在 80 多年的人生中证得的至上智慧，也是度过美好人生的秘诀。"

《道德经》上讲："大道甚夷，而人好径。"宇宙中本来有一条平坦的大道，但是人们喜欢走小路、斜路。孔子说："谁能出不由户？何莫由斯道也？"谁能出入不走大门呢？为什么不走这条正道呢？

但事实往往是，人们不走这条正道，而是走后门，或者翻窗户、翻墙，所以大道上并没有多少人。这条大道在哪里呢？道在吾心，吾心即道，你的心就是那条道。

　　王阳明说："圣人之道，吾性自足。"你身上亦有与圣人相同之道。所以，向之求理于事物者误也，你一直在外面求，当然求不到，因为道在吾心，应向内求。这就是王阳明龙场悟得的真谛。

　　因此，个人发展的关键在于"道"，在于3.0操作系统。

第二章
修身四件事：
激活 3.0 操作系统的四步流程

我们需要把"人心"当作一个人改变的入口，把念头作为自我修炼的核心抓手，把立志作为成长的核心动力，把亲民作为修身的核心路径。激活 3.0 操作系统的第一步就是从人心入口进来，第二步就是格物、正念头，第三步就是立志，第四步就是亲民。这就是"人心第一、格物第二、立志第三、亲民第四"的四步流程，也是个体垂直攀登的内在心法，这里称为"修身四件事"。

这四步流程实际上是一个循环，展现一个人内心层次不断螺旋式上升的过程。

第一节　核心秘密：人心第一

现实中，我们往往对很多事物倾注注意力，唯独没有注意到自己的心。当往外看时，我们的眼睛就看不到自己。当看到有形的世界时，我们就看不到无形的世界。

人的掌舵者就是一颗心，心才是一切的主宰，所谓"身之主宰便是心"。因此，我们需要观照这颗心，开发这颗心，修炼这颗心，在这颗心上下功夫。

用稻盛和夫的话来说，即"提升心性，磨炼灵魂"。心提升了，心的能量被开发出来，人就会真正变得不同。人与人之间最大的差别，在于心与心的差别。

这世间有圣人之心、君子之心、英雄之心、善人之心，也有庸人之心、小人之心、恶人之心，有"为天地立心，为生民立命，为往圣继绝学，为万世开太平"之心，有"我将无我，不负人民"之心，也有"宁我负人，毋人负我"之心，心与心不同，因而人与人也不相同。

之所以我们有时十分努力却得不到全然的回报，是因为我们只在事上努力，却从来不在心上努力（见图 2-1）。

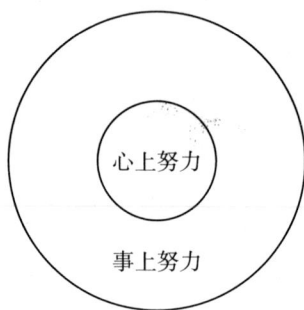

图 2-1 努力的层次

　　我们在事上努力，只关注"我加班了 2 个小时""我连续徒步300 天""我参加了一个大师的战略培训班""我学会了一种话术"，却从来不在心上努力，不在心上耕耘，不去处理纷繁的念头。

　　事上努力是需要的，也是不可或缺的，但不是唯一的。在一定的阶段，事上努力是有效的，但一旦超过这个阶段，就收效甚微，甚至会起到反作用，其结果就是人们会遭遇人生或事业的瓶颈。

　　当人生遭遇瓶颈的时候，当事业停滞不前的时候，如果你依然在事上努力，只会越努力越无力，因为你只是在你犯过错误的地方持续犯错罢了。即使撞墙 10 年，也不知道停下来反省，这是大多数人的人生写照，固执一生，奔波一生，辛劳一生，却了无功德。

　　当你的人生遭遇瓶颈的时候，正是人生转型的契机。这个时候，你需要走一条新的路，走一条大路。

　　"大道甚夷，而人好径"，这世上确实有一条大路，但是大部分人走在小路上，荆棘丛生，越走越难。

踏上这条大路的方法就是"心上努力"，你需要将注意力从事上转到心上，持续改善自己的心。心事一元，你无论做什么事，总有一颗心在起作用。

比如你扫地的时候，只是在扫地吗？你手上在动，你的心其实也在动。当你扫地的时候，你能够心甘情愿地扫地吗？你都有哪些念头生起？当你遇到犄角旮旯儿的时候，你能够弯下腰甚至是跪在地上好好整理干净吗？你能够很欢喜地扫地吗？当你看到别人好像在干大事，自己却在一个角落里扫地时，你会因此烦恼吗？你的内心会不会有一股浮躁之气？你会因此生起傲慢之心，还是谦卑恭敬之心？

由此可见，扫地并非简单的清理垃圾、去除灰尘，也是一种深层的心理活动。无论我们做什么事情，外在行为和内在心理活动都是一体的，这就是"心事一元"。

所以，当处理手头上的事情的时候，我们也要观照和处理各种起心动念，这才是真正的努力、真正的勤奋。

一个求道者请教师父，如何才能突破自己的瓶颈？

师父拿出一根筷子，放在桌子上，告诉弟子，大部分人无论在一个平面上付出多少精力，都在这个平面上。然后师父把筷子竖起来，继续说，但是真正的高手懂得垂直攀登，因而很容易超越普通人，获得普通人难以企及的成果。

那么我们应如何垂直攀登呢？这个密码在哪里呢？

这个密码就是你的这颗心，就是开发你的这颗心，就是你这个人本身。你是谁，是一个怎样的人，就会遇到什么，拥有什么，活出一个怎样的人生。只有当你改变了，变得真正不同了，你眼中的这个世界才会变得不同。

神话学家约瑟夫·坎贝尔说，终极奥秘就在你的身体里，你就是终极奥秘，你本身就是奥秘。

《庄子》当中有一个梓庆削木的故事：

梓庆削木为镰（jù），镰成，见者惊犹鬼神。鲁侯见而问焉，曰："子何术以为焉？"对曰："臣工人，何术之有！虽然，有一焉。臣将为镰，未尝敢以耗气也，必斋以静心。斋三日，而不敢怀庆赏爵禄；斋五日，不敢怀非誉巧拙；斋七日，辄然忘吾有四枝形体也。当是时也，无公朝，其巧专而外滑消；然后入山林，观天性；形躯至矣，然后成见镰，然后加手焉；不然则已。则以天合天，器之所以疑神者，其是欤！"

——《庄子集释》

梓庆的作品之所以能够"见者惊犹鬼神"，是因为他去除了自己的私心杂念，通过斋戒让心静了下来。斋戒三日，他把担心作品做得好与不好的"利"放下；斋戒五日，他把担心作品被人称赞还是诋毁的"名"放下；斋戒七日，他把自己也忘掉了，然后带着一颗空灵纯粹之心上山干活。

因此，我们应该真正用功的是提升自己的心，一颗空灵纯粹之心才是成就一切的根本。

如果你没有这颗心，只是去寻找所谓招数与技巧，即使再努力也是徒然。正如那句话：以一颗桀纣之心，如何成就尧舜的事业呢？以一颗慵懒之心，如何收获一个美好的结局呢？以一颗"当一天和尚撞一天钟"的敷衍之心，如何去打拼出能传承三代的卓越事业呢？

世界上每个人都是不一样的，有的生在富贵之家，有的生在穷乡僻壤；有的腰缠万贯，有的身无分文；有的聪敏伶俐，有的驽钝笨拙；有的长袖善舞，有的木讷寡言；有的学至博士、博士后，有的胸无点墨；有的走遍千山万水，有的终生未走出本乡本土……每个人的资源、条件、禀赋都是不同的，所以产生了千差万别的人。不管你现在如何，这些都是微不足道的，甚至可以忽略不计，因为每个人都有浩瀚的星空，这就是内心的资源。

不管你现在是功成名就，还是一切都在路上，都有无穷的宝藏等待开发，这就是你的心，你的心力资源。

既然要开发这颗心、提升这颗心，那么这颗心在哪里呢？

我们先看一个真实的故事。故事的主人公是分众传媒的创办人江南春，故事的来源是自媒体左林右狸频道主笔胡喆的一篇采访《分众的有限边界和江南春的无限游戏》。

文中提到，2019 年春节期间，江南春在上海浦东机场看到了非常惊险的一幕：3 位老太太正乘电动滚梯，或许是因为立足不稳，其中一位老太太突然晃动，继而摇摇欲坠，眼看着就要从滚梯的高处跌下来。

江南春没有犹豫，立即甩开行李箱，加速跑向电梯的下端，想接住那位可能滚下来的老太太。然而就在几步之间，那位老太太似乎又站稳了脚跟，继而摇晃的程度降低了，最后用一种看似有些局促但相当安全的办法着陆了——屁股坐了下来。

江南春事后察觉到："看着她快要稳住的时候，我其实就不由自主地放慢了脚步；看到她周围的人也开始意识到危险争相去扶的时候，我的脚步干脆彻底放慢了。"

在旁人看来，这似乎并无不妥，江南春却并不这么想，他懊恼不已。

用他的话来讲，一个人"有良知的举动"应该是看到旁人有危险时，毫不犹豫地挺身而出。当时他应该直奔电梯而去，这才是下意识之举动。至于他在中间审时度势，以至放慢了脚步，甚至评估"无碍"后立即停止奔跑，虽然从结果上没有造成损害，但"在发心动念之间，增加了审度的理性因素，这种发心便是不完满的，这种内心的修养也是不到家的"。

随后，在夜航的班机上，江南春以这件事为切入点，检查自己心境上的"不足与狭窄"，整整写了 5 页纸，其中既有"为什么看到有人摔倒不直接跑过去？"这样的生活小事，也有"为什么这个广告价值观不够正确，但我们还是做了？"之类的价值观检讨……

对于江南春来说，这不是偶然为之，而是一种自觉的习惯。这种把对内心的省察用纸笔记录下来，极其细致地拷问自己的灵魂的做法，是江南春多年来学习阳明心学的一个实践环节。而他如此切实笃行，是源于他对"因果"的体察和敬畏。

江南春说，这个世界上最大的真理就是因果。当你起心动念时，无论这个念头是否被付诸实践，念头本身对世界所产生的正负能量，最终都会有对应的因果。

这也回应了上文江南春为什么对自己的起心动念如此高度重视，不敢有丝毫懈怠的问题。

所谓因果，其实就是宇宙基本规律的另一种表达。如果一个行为合乎自然进化之道，就是善；如果一个行为与自然进化规律相悖，就是恶。

不管善与不善，起始点都在于一个念头。有了念头，才有行为；有了行为，才有结果（见图 2-2）。

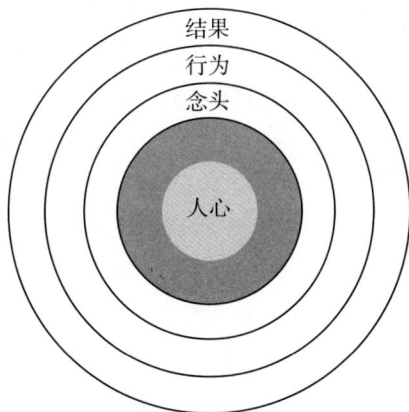

图 2-2　"念头—行为—结果"模型

当结果不好的时候，我们一般会去检视结果出了什么问题，其实结果就像被打翻在地上的牛奶，再怎么折腾，也没办法改变牛奶已经不能喝了的既成事实。有人会从结果倒推自己的行为，他们知道，结果之所以让自己不满意，是因为行动过程出了问题，他们会检视自己的行动，找出哪些行为是正向的，哪些是负向的。

从行为上下功夫，收效甚好，不过并不一定能彻底改观局面，有时人会陷在固有的模式当中无法脱离，就像误入一个局一样，再怎么努力仍然走不出固有的循环。

很少有人会在念头上下功夫。行为的背后是念头，如果念头不改变，即使你换了一个行为，结果还是差不多的。

人活在自己的世界当中，不断在结果上抓取，不断在行为上折腾，却从来不去省察和改变自己的念头，就好像梦游一般。

人一旦知道省察并转念，那么这个人就开始醒来，开始做自己人生的主人。

讲到这里，我们就基本回答了怎么在心上下功夫的问题。所谓在心上下功夫，就是直接在念头上下功夫。因此，念头是自我修炼的重要抓手。

第二节 核心技术：格物第二

华杉提到儒家的方法论，就是随时随地复盘。这里所指的复盘，我们可以理解为"格物"。

《大学》提到："古之欲明明德于天下者，先治其国；欲治其国者，先齐其家；欲齐其家者，先修其身；欲修其身者，先正其心；欲正其心者，先诚其意；欲诚其意者，先致其知；致知在格物。"

格物、致知、诚意、正心、修身、齐家、治国、平天下被称为儒家的"八目"，在儒家看来，修身、齐家、治国、平天下的基础就在于格物与致知。

阳明先生认为，格物如格君之格，是正其不正以归于正。简单地讲，这里的"格"就是"正"的意思，使不正的正起来。"物"就是事，关于某件事的念头。格物就是"正念头"。

"致知"就是致良知，让良知光明。怎么让良知光明呢？方法就是"格物"，就是"正念头"，在做事的时候注意去正念头。

念头正了以后，才能光明良知，良知光明以后才能诚意不欺，不自欺以后才能做到心正，心正了以后才能修身，才是修身。

儒家一直讲修身，怎么修身呢？还得从"格物"开始。阳明先生说："何谓修身？为善而去恶之谓也。"为善去恶就是格物，是修身的开端。

修身了有什么好处呢？近可以齐家，远可以治国、平天下。对于现代人来说，修身近可以搞定你家里的各种问题，中可以帮助你建功立业，远可以让你报国利天下。

正如《大学》所言："自天子以至于庶人，壹是皆以修身为本。"修身才是根本，"其本乱而末治者，否矣"。如果本乱了，一个人想要治理好家庭、家族、国家是不太可能的。

如果你想要改变世界，首先要改变自己。改变自己的方法，就是每天持续不断地格物、正念头。随时随地格物，随时随地为善去恶，就是华杉讲的随时随地复盘。

曾国藩是怎么格物的呢？"不为圣贤，便为禽兽"，这句话就是曾国藩格物的方法之一。遇到一些不好的念头，做了一些不好的行为，曾国藩就会痛骂自己：你连禽兽都不如啊！你还要做什么圣贤，你有资格做圣贤吗？！

与此同时，曾国藩还会通过写日记的方式每日反省自己，这也是格物的方法。

我们简单地看几篇曾国藩的日记：

道光二十二年十一月初八日

醒早，沾恋，明知大恶，而姑蹈之，平旦之气安在？真禽兽矣！要此日课册何用？无日课岂能堕坏更甚乎……

道光二十二年十一月廿七日

又说话太多，且议人短。细思日日过恶，总是多言，其所以臻多言者，都从毁誉心起。欲另换一个人，怕人说我假道学，此好名之根株也……

道光二十三年正月初四日

车中无戒惧，意为下人不得力，屡动气。每日间总是"忿"字、"欲"字往复，知而不克去，总是此志颓放耳！可恨可耻……

稻盛和夫是怎么格物的呢？跟曾国藩的做法几乎一模一样。

如果出现了轻浮的举止或傲慢的态度，一个人在家里或是在宾馆的时候，我会对此进行激烈的反省。我会对着镜子里的自己斥责"你这个蠢货"，然后，另一个自己会不留情面地责骂，"你小子真是一个恬不知耻的家伙"。到了最后，我会说出反省的语言："神啊，对不起。"

如果别人看到我这个样子，可能会觉得我不正常，但这已完全成了我的习惯。反省自己，不断修正，让自己始终保持正确的方向，这样做，就能在不知不觉中磨炼灵魂，提升心性。

实际上，"吾日三省吾身：为人谋而不忠乎？与朋友交而不信乎？传不习乎？"就是曾子在做格物的功夫。孔子说："择其善者而从之，其不善者而改之。"这也是在讲格物的功夫。

具体格物的方法，首先可以用"观念法"，笔者将其总结为 3 个步骤：观念、克念、守念。当然，格物还有其他方法，笔者会在后面逐步讲解。

所谓观念，就是觉察自己的起心动念。一个人每天有无数个念头，但其人真正能觉察到的不过几十个或者几百个。这些念头是好的还是不好的，是善的还是恶的，需要我们进行区分，保持高度的觉察。

我们大部分时候只是无意识地活在事情的发生、发展过程中，通常对事情背后的念头无所觉察。比如打扫卫生，我们有时候只关注到手上的动作，要么加快打扫，希望尽快搞定；要么例行公事，毫无生气地机械打扫。我们会关注到眼前要打扫的对象，评估自己的任务量，或者把注意力转移到另外一个地方，却往往对打扫过程中出现的各种念头视而不见。

比如这样一些念头："就这样了吧，可以了，已经搞得很好了。""这个地方够不着，算了吧！""好累啊，休息一下吧！""为什么总是我在干，他们总在那里享福？太不公平了吧！""会不会有人有事找我，要不要看一下手机啊？""赶紧搞完，还有一堆事等着我呢！"

当仔细地去观察，我们会发现自己念头纷飞。以前我们以为需要关注的重点是事情，是客体的对象，却意识不到这些念头的存在，或者即使处于念头当中也毫无所觉，就像人活在空气当中而常常意识不到空气的存在，意识不到自己在呼吸一样。我们认为要处理的是事情，而不是这些念头。其实，处理这些念头同样是非常重要的部分。想要处理这些念头，我们就需要在心上努力。

不去关注念头，只在事情本身上用力，这是我们做了很多事，辛苦了很多年，却往往成长得很慢的一个重要原因。

人作为存在体，成长进化的入口在于做事过程中的各种起心动念，我们在"人心第一"的章节中已经进行了说明，这里不再重复讲述。

我们在观念的过程中，需要保持"如猫捕鼠"的状态，把注意力放到念头上，对每一个出现的念头进行检视，区分是非善恶。

同时，尤其要注意觉察"第一念"，这往往是我们做某件事时最真实的意念，后来的各种念头可能会被美化和调整，从而掩盖真实的初始念头。

这就要求我们足够"诚"，否则就会自我欺骗、自我美化。

所谓克念，就是在观念的基础上，一旦发现有不好的念头，就进行"省察克治"。此处的"省"是指反省，"察"是指探察病根，通过自我反省去分析出现这个念头的原因何在，自己身上还有哪些类似的行为模式、思维模式，是怎么形成的，病根究竟在哪里。"克"是指克制，"治"是指治理，就是通过自我克制、自我规整、自我约束，去掉不好的念头，甚至去掉病根，痛下决心进行改正。就像阳明先生所言："斩钉截铁，不可姑容与他方便，不可窝藏，不可放他出路。"

去掉一个不好的念头的最快速的方法，就是转念，即用一个好的念头、善的念头去替代它。在克念的最后，我们要找到一个与之相反的善念，以此来引导自己。

所谓守念，是指人在克念之后，要在日常生活中守住善念，并在做事过程中努力地践行善念。

守念并不容易，"晚上想想千条路，早上起来走原路"就是一个人没守住念头的表现。当一个人内心预想事情会向好的方向发展，等到真正实践时结果又不同了，那么观念、克念就成了无用功。

守不住念，不能将善念付诸实施，那观念、克念就完全沦为一种思维游戏，人感觉自己好像在不断地用功格物，但最后一步没有做好，功亏一篑。

格物最关键的是诚，所谓诚，就是不自欺欺人。当觉察到一个不好的念头时，你不去克服它，这就是不诚的表现。

因此，这就要求我们能够学会慎独，学会对自己负责，对自己的起心动念负责。无论我们是在人前还是在人后，都要做到无分别心。比如在自己的办公室里开会和在客户的办公室里开会，我们都要懂得克念、守念。

有人说，他知道自己的某个念头不好，但总是无法克服。阳明先生说："自家痛痒，自家须会知得，自家须会搔摩得。既自知得痛痒，自家须不能不搔摩得。佛家谓之'方便法门'，须是自家调停斟酌，他人总难与力，亦更无别法可设也。"

也就是说，你自家的痛痒，最终还是要自己想办法，办法总是有的，这个"方便法门"需要自己去找，不要期待别人来帮你，别人也帮不了你。

格物是时时刻刻都在进行的，就像你给自己装上一台24个小时运行的监控器，当然，睡觉的时间肯定除外。作为一个人，你几乎每时每刻都有念头，只是很多时候自己意识不到而已，因此每时每刻你都需要格物。

阳明先生说："省察是有事时存养，存养是无事时省察。"遇到事情时，你要省察；没有遇到事情时，你要存养。存养就是省察，省察就是存养。不管有事无事，都要持续省察，持续存养。

这是儒家方法论当中的一个核心技术。

你又会有疑问，人哪有那么多的恶念呢？人为什么总要谈论善恶呢？实际上，人对善恶的不以为然，是修身的根本障碍。

恶念往往来自病根，那我们就来看看我们的病根到底有哪些。

病根一：贪念

贪念是最大的病根，其他病根皆源于此。

华杉在注解《传习录》时曾经提到："诚是天地之道，是大宇宙，山川草木，万事万物，都没有自我，按宇宙的规律生长运动。而人或者动物，是一个有自我意识、有私心的小宇宙，社会可以理解为一个'中宇宙'。人如果能无我，能放下自己的私心，就能连通中宇宙，乃至大宇宙的能量，天人合一。这也是存天理、去人欲。"

也就是说，"无我"才是真正的为己。好名、好利、好色，看似是为己，实则是害己。

《道德经》中有言："甚爱必大费，多藏必厚亡。""祸莫大于不知足，咎莫大于欲得，故知足之足常足矣。"佛教将贪、嗔、痴视为"三毒"。因此，对于贪欲，儒、释、道三家的认知是一致的。

其实，在贪与不贪之间定有界限，超过界限才叫贪，在界限内就是人正常的需求。

比如人饿了，肯定要吃饭，这是正常的生理需求。如果人非要吃山珍海味，这就是贪欲了。假如你的经济条件允许你出入五星级酒店，这是你再自然不过的日常生活，那对于你来说，这也不能叫贪欲。如果你每月的工资只有 2000 元人民币，却到任何地方都要住五星级酒店，住昂贵的套房，那就是贪欲了，因为这已经大大超出你的能力范围。

由此可见，贪欲的界限对于每个人是不同的。

最好的标准就是《中庸》提到的："君子素其位而行，不愿乎其外。素富贵，行乎富贵，素贫贱，行乎贫贱；素夷狄，行乎夷狄；素患难，行乎患难，君子无入而不自得焉。"

病根二：傲念

为什么说"傲"是人生的大病呢？阳明先生说："为子而傲必不孝，为臣而傲必不忠，为父而傲必不慈，为友而傲必不信。"你看，一个傲慢的人，无法成为孝顺的子女，做不了忠诚的员工，做不了慈爱的父母，做不了守信的朋友。

如果你的内心有一个"傲"字在，你就可以判断出你与父母的关系、与孩子的关系、与同事的关系、与朋友的关系，本质上是没有多少心与心的连接的。也就是说，一个傲慢的人，上做不到孝，下做不到慈，左做不到仁，右做不到爱。因为傲慢的人心中只有"我"，没有他人。

阳明先生又说："人心本是天然之理，精精明明，无纤介染着，只是一'无我'而已。胸中切不可'有'，'有'即傲也。古先圣人许多好处，也只是'无我'而已。'无我'自能谦，谦者众善之基，傲者众恶之魁。"

原来，傲心源于有"我"，一旦胸中有一个"小我"在，傲的病根便无法被除去，即使被除去一点点，又如野草一样，春风吹又生。"傲"让一个人看不到别人，自然也不知道他人真正的需求，怎么可能弯得下腰呢？更别奢谈什么匍匐在地了。

"今人病痛，大段只是傲。千罪百恶，皆从傲上来。"从此层面入手去看自己，才能更好地反省，否则起不了多大作用。

病根三：惰念

曾国藩说："天下古今之庸人，皆以一惰字致败；天下古今之才人，皆以一傲字致败。"除了"傲"，"惰"也是曾国藩反省当中的重要内容。上文曾国藩的日记中记载，自己醒来很早，恋床不起，这令曾国藩非常气恼，检讨自己简直禽兽不如。可见对早起这件事曾国藩非常重视。他要求自己"黎明即起，绝不恋床"。他对部下的要求最基本的也就是两条：不睡懒觉、不撒谎。为了治懒惰，他提出了"五勤"：一曰身勤，二曰眼勤，三曰手勤，四曰口勤，五曰心勤。

病根四：妒念

妒念就是妒忌。一旦看到别人得到好处，他就受不了。在家中，兄弟姐妹不能比他好，他们拥有的东西他一定要有。在外面，别人不能比他好，否则他自己要么萌生虚荣心，要么陷入争名夺利中。

除了以上这些病根，阳明先生曾经在《示弟立志说》这篇文章中提到了"八颗心"，这八颗心也是要重点检视的内容：

> 故凡一毫私欲之萌，只责此志不立，即私欲便退；听一毫客气之动，只责此志不立，即客气便消除。或急心生，责此志，即不急；忽心生，责此志，即不忽；躁心生，责此志，即不躁；妒

心生，责此志，即不妒；忿心生，责此志，即不忿；贪心生，责

此志，即不贪；傲心生，责此志，即不傲；吝心生，责此志，即

不吝。盖无一息而非立志责志之时，无一事而非立志责志之地。

这里提到了八颗心：怠心、忽心、躁心、妒心、忿心、贪心、傲

心、吝心。

这八颗心就是我们要想办法"损之又损"的。

怠心，就是懈怠之心。它会侵蚀人的意志力，使人的眼睛发涩，

肩膀发软，让人感到腰酸背痛，各种身体幻觉随之而来，导致人没办

法继续认真地干活。

忽心，就是马虎随意。"一切都差不多，大体上就这样了。""别

人做到60分，我做到70分就够了。""树大招风，还是安安稳稳最好。"

人一旦萌生忽心，其工作的责任心就会大打折扣，对自己没要求，对

别人也没要求。

躁心，就是浮躁、急躁，是指一个人做什么事情都难以深入，浮

于表面。它让人总觉得自己做任何事情都没有时间，没有精力，没有

心情，只希望赶紧结束，浅尝辄止，草草了事，其结果可想而知。

妒心，就是忌妒，对才能、名誉、地位或境遇等胜过自己的人心

怀怨恨。它让我们看到别人的好东西自己也想要，用错了心思，甚至

会阻碍自己与身边的人保持进步，无形中赶走了很多有上进心的朋友。

忿心，有一颗忿心的人总认为其他人都犯了错，只有自己无比正

确，没有人敢靠近他的"火场"，这样的人会自取灭亡。

贪心，这个很好理解，一方面，贪图好东西，这个也想要，那

个也想要，这个错过了太可惜，那个错过了也可惜，自己明明拥有很

多，还不知足；另一方面，有贪心的人不愿意多付出，能偷懒就偷懒，能少干活就不会多做，这也是一种贪，贪图享受。

傲心，笔者已在前文讲过。傲心不仅体现在我们与同事、朋友之间，也体现在我们与家人之间，在傲慢的人心中，只有"我"，没有他人。

吝心，是指一个人什么东西都舍不得，舍不得自己的时间、精力，舍不得自己付出。当他钻研学问时，他觉得花那么多时间值得吗？当他经营关系时，他觉得有必要付出那么多吗？这就是吝心，即气量狭小。

稻盛和夫说，要每天反省。反省什么呢？其中一部分内容就是反省这八颗心。

我们每天在做复盘的时候，其实也要好好问自己：今天我有怠惰之心吗？我做事时是不是很马虎？我为什么这么烦恼，这么浮躁？我有没有忌妒他人？现在的我，在工作上是不是太贪图享受了？为什么我会看不上他做的事？我是不是萌生了傲心？

稻盛和夫也会在反省的时候经常问自己：今天我有没有让人感到不愉快？我待人是否亲切？我是否傲慢？我有没有卑怯的举止？我有没有自私的言行？

通过这样一些问题不断审视自己，回顾自己的一天，对照做人的准则，确认自己的言行是否正确，这几乎是我们每天的必修课。

我们只有每天不断地反省自己，赶走阻碍自己前进的拦路虎，才能真正地进步。如此，我们的心才会得到净化，变得越来越干净、柔软，自己心明眼亮了，才能做出准确的判断。

如同一位企业家所说："一颗纯粹的心灵能够敏锐地感知身边的

变化，而一颗迷失的心灵则会错失近在眼前的机会，事业的跌宕起伏完全是自己心灵品质高低的折射！"

因此，我们要重视这八颗心，每天检视这八颗心，"损之又损，以至于无为"。

至于我们随时随地省察克治的结果，则最终体现在自己身上。以善念待人，最终自己得善；以恶念对人，最终自己缺德。所以不要管他人如何，做好自己最重要。

实际上，格物有很多种方式。例如，随时随地复盘，观察念头，然后克治、守念；定期复盘反省，比如晚上写日记，回忆今天所发生的一切，然后集中检视自己不好的念头；定点反省，定一件事，然后在做这件事的过程中去反省，比如静坐反省，思考审查自己的念头。其他方式，比如扫除反省，通过做扫除这件事去反省自己，笔者在前文也多次提到。

接下来笔者重点讲一下扫除反省，也就是扫除道，方便大家在格物的时候有一个容易的抓手。

这个抓手既可以帮助我们格物、修身，还可以帮助我们齐家，甚至利天下。

阳明先生在平定宸濠之乱后，被宦官诬陷私通宁王朱宸濠。宦官把阳明先生的一个学生冀元亨抓起来严加审问，并施加炮烙之刑，但是冀元亨宁死不屈，没有被屈打成招，也没有诬陷老师。

直到换了皇帝，冀元亨才得以被释放出来，不过被释放出来 5 天后就去世了。

当时冀元亨的妻子也被抓了起来。他的妻子在狱中依然带着孩子们织布纺麻，时不时还念《尚书》《诗经》，非常安详。司法官知道冀元亨的妻子非常贤明，要求见见她，但是被拒绝了。后来司法官亲自到狱中看她，问她的丈夫学的是什么学问。

冀元亨之妻李氏的回答被记入了《明史》当中："吾夫之学，不出闺门衽席间。"我丈夫的学问，不出房间蚊帐床铺之间，都来自一些日常小事。

就像阳明先生的另一个学生王艮所讲的，百姓日用即是道。生活各处、点点滴滴、行走坐卧、言行举止皆是修行。

所以扫除当然也是，知道的是理，行出来的才是道。

世上最难事，俯首甘为扫地僧。学阳明心学，不需要做多么大的事情，就是在日常生活当中实修实证。

这里首先需要提到一本书——《扫除道》。这本书的作者是日本人键山秀三郎。有一个普通人开了一家公司，不知道怎么管理公司，于是就开始搞卫生。他觉得把卫生搞好了，说不定员工们外出销售回来后心情能好一点儿。于是他一扫就是 10 年。这 10 年里，基本上是他一个人干，偶尔妻子和孩子来帮忙。10 年过后，开始有一两个员工来帮忙。20 年之后，公司的大部分员工会主动地参与扫除，其余的人也开始来学习怎么打扫。30 年之后，日本的都道府县都建立了扫除学习会，扫除之风刮遍全日本，还刮到了其他国家，一个国际扫除大会动辄有上万人参与。

这么大的变化是笔者一开始没有预见到的。

扫除也没那么容易，因为看起来比较简单无聊，所以不怎么受欢迎。

扫除会去除你的傲慢，会让你变得谦虚，也会治你的注意力分散，治你的懒惰，治你的粗心，治你的理所当然。

扫除会提升你的觉察心（这么多东西被我忽视了），提升你的感恩心（原来我拥有这么多），让你感动，让你的内心笃定而充满定力，让你脚踏实地，让你体会到颜回"一箪食一瓢饮"的快乐，让你的心起变化。

当你的心变了，你整个人才会变。当你真正扫除之后，你的内心一定会有感动和震撼，一定是很欢喜的，这种内心的变化才是我们想要的。

"时时勤拂拭，勿使惹尘埃。"

做扫除会有两种效果，一种是在事上做，另一种是在心上做，既能提升你的事，又能提升你的心。而提升心，才是一个人改变的开始。

我们一开始做这件事的时候，并不想着改变别人，只是在自己身上下功夫，改变自己。一旦我们带着求回报、要求别人改变的心，方向就错了，结果又会让彼此很痛苦。

扫除的好处主要在哪里呢？可能有以下几个方面。

凡事彻底

如果你不理解凡事彻底的含义，只需要进行一段时间的扫除，自然就会明白。

凡事彻底是需要一步一步来的，是需要时间慢慢做到的，一开始可能做到 2 分，过了一个月或者两个月，可能做到 5 分，又过了半年或者一年，可能做到 8 分。

我们刚开始只是扫除一间厨房，一个月后，我们会发现整个家都变了。一开始家庭只是外在环境上的改变，慢慢地会发展到人心的改变，家人都变得爱干净、爱整洁，相互之间也更有爱和付出，这就是人变好了。这就是一种凡事彻底的表现。

心事一元

外在的事和我们内在的心是一体的，从来没有单独的事。我们做任何事，都是用心在做，心和事是一体的、一元的。

所以，我们看似是在做事，实际也是在锻炼心；看似在打扫房子里的卫生，其实也是在打扫我们内在的卫生。

知行合一

很多人在追求知行合一，可是真正做到知行合一真的很难。如何践行知行合一呢？当把扫除做好，我们自然就能领悟知行合一的真谛。

我们能把一件事做好，并将方法推行到其他事上，能力和境界就能慢慢地提升。知行合一的过程就是致良知的过程，我们在日常的扫除中，就能践行这一法则。

改变家庭

家庭的改变是通过自己的实际劳动实现的，不是通过说教、叨唠、抱怨、打击实现的。

改变家庭的前提是从自身做起，愿意蹲下来干活，否则没有丝毫作用。

那我们如何扫除呢？需要注意哪些事项呢？

第一，从点到面

我们首先选取家中的一个空间作为家庭扫除的起点，比如厨房、卫生间、书房等。

刚开始我们每次主攻一个空间，让范围缩小，让注意力得以聚焦，让成果更容易被看见，让自己有切实的感受和收获，从而建立持续扫除的信心，进而一步步扩大空间，收获更多的成果。

第二，彻底、彻底再彻底

如果我们平常对洁净程度的理解是 1，那么家庭扫除的洁净程度就要逐渐提升到 5，再提升到 10。

我们要把洁净度持续提升上来，超出自己平常的期待。以百叶窗为例，不能从整体上简单地抹一下了事，而是要一条一条地去擦，里里外外都要擦干净，最后达到就好像换了一扇新的百叶窗的效果。

如果房间内有污迹，我们要把污迹彻底处理干净；如果处理台面，我们也要注意台面的下面、里面、侧面；当处理看得见的地方时，我们也要提醒自己去处理看不见的地方。

打扫结果的一个评判标准是，好像换了新的物品，好像换了一个新家。这就是彻底、彻底再彻底，扫除的同时，也是在锻炼一种"凡事彻底"的思维。

有人总结了"三个彻底"：一是清洁的程度彻底；二是清洁的范围彻底；三是清洁的步骤彻底，比如洗了碗之后要放好，相关物品也要一一归位，把台面、地面也清洁一遍，把厨房恢复到做饭以前的状态。

第三，蹲下来

我们不要高高在上地拿着拖把，手是可以直接接触物体的，不要害怕脏，心灵的洁净程度跟清理对象的洁净程度成正比，跟人的无分别心直接相关。

我们应该放下拖把，直接蹲下来，甚至干脆跪在地上，直接用抹布抹地或清理物体。慢慢地地面、桌面、台面都一样干净了，而且它们在我们眼中是一样的。

不管我们怎么打扫，蹲下来直接抹地这个动作不可缺少。

第四，表达感谢

当清扫物品的时候，我们可以在心里和物品对话，感谢它们一直以来的无声陪伴和默默支持，反省自己的理所当然和自动忽视，一边清理，一边表达感谢。

第五，从自己做起

先自己进行扫除，我们不要期待也不要强行要求其他人和自己一起做。

不要有委屈感，觉得自己是在为别人扫除，也不要总觉得自己在做一些低级的事情，这样效果会不好。

当整个家变得洁净如新以后，你的心也变得不一样了，这本身就是最好的回报。如果家人有心，就会感受到你的改变，慢慢地也会加入到你的行动中。

第六，随时观察自己

当我们的手在动的时候，我们的心也一直在动，会有各种念头产生……

当处理外在环境的时候，我们也要去处理浮现的念头，坚持一会儿，再坚持一会儿，直到把清扫的任务彻底完成。

第七，日日不断

我们可以设置一个定期大扫除，比如周末的时候；每天可以有一个小的扫除，比如擦一下桌子。

我们每天都需要有扫除的动作，不一定要花多长时间，5分钟或者10分钟都可以。比如早上起来，我们把洗手间的洗漱台清理一下；晚上回到家，我们可以蹲下来把房间的地面擦一下。

人一旦动起来，勤快起来，是不会感觉累的，大多时候是心累，扫除反而可以解压和舒缓疲倦的状态。

如果我们没法持续每天做一个小扫除，到了周末也很难做大扫除。一切都是一个习惯问题，扫除也需要日日不断。

而且随着扫除频率的增加，我们清扫的速度也会相应地提升，对于家庭卫生是如此，对于心上的清扫也是如此。

第八，扩大成果

通过一段时间的扫除，家庭洁净程度得以极大提升后，我们可以借机扩大成果，进一步布置家庭，重新整理物品，也可以在墙壁上挂一些名言警句的挂画，用来提醒自己和家人，让良好的环境持续不断地为我们赋能。

如果你还想了解更多关于扫除道的内容，可以看看《扫除道》这本书，不过最重要的还是要自己实践。

第三节　核心动力：立志第三

　　人愿意去格物，去随时随地复盘、反省，内心肯定需要一个动力，这个动力来自"志"。

　　一个人能不能成事，要看他能不能立志，能不能立住志。孔子说："吾十有五而有志于学，三十而立，四十而不惑，五十而知天命。"这段话就是在讲立志，孔子 15 岁的时候立志，30 岁才立得住，中间用了 15 年，可见立志并非易事。

　　阳明先生在《教条示龙场诸生》一文中提出"八字箴言"：立志、勤学、改过、责善。阳明先生将立志作为学习的第一要义，在年少时就立下了"读书学圣贤"的志向。阳明先生也说："志不立，天下无可成之事。"这句话振聋发聩。

　　曾国藩也讲："盖士人读书，第一要有志，第二要有识，第三要有恒。有志则断不甘为下流；有识则知学问无尽，不敢以一得自足，如河伯之观海，如井蛙之窥天，皆无识者也；有恒则断无不成之事。此三者缺一不可。"

　　立志是人一生的大事，不仅小孩子要立志，成年人更需要立志，任何时候都需要立志，人在任何时候立志都不晚。这就是《大学》讲

"知止而后有定，定而后能静，静而后能安，安而后能虑，虑而后能得"的原因。

知止就是要立志，立志之后才能做到知止，才知道什么该做，什么不该做，才懂得"制心一处"。

立志实际上是教会我们懂得"止"的学问，懂得止，才能懂得进。人生没有止处，也很难有飞跃。"止"实际上提供了一个原点，任何时候，我们都需要能够回到一个原点进行思考，这样才能守住初心，不偏不倚。

有止，也是一种回归，回归才会触摸到一种内在的力量，让我们可以和内心相连接，进而体会到一种无坚不摧的定力，如此才能扛住一次又一次的风雨侵袭。

华杉曾说过：

人生最重要的就是立志。"我的志向是什么？"你一定要能够很清晰地回答这个问题。如果说只想赚钱，那就完蛋了，因为赚钱是结果。首先是你要成为什么样的人？你要为社会提供什么价值？你对社会有了贡献，社会才会给你回报，而不是说你天天在找赚钱的门路。

志有定向以后，才有不战之法，才能立于不败之地，才能知战之地、知战之日，才知道最后的决战在哪儿。兵法讲知战、知日、知地，则可千里而会战，你知道什么时间在哪里作战，你就可以千里奔袭，这就是志向的意义。

找到自己的志向之后，我们就能先胜而后战。如果一个人没有立志，那么何谈先胜后战？当一个人选择了战中求胜，那等待他的就是另外的结局了。比如一个人大学刚毕业或者还没毕业就开始创业，这个项目没做成就做下一个，下一个没做成再做另一个，做了 10 年之后，最后会发现自己被这个社会淘汰了，被边缘化了。很多人在人生的道路上走着走着就失踪了。

当找到了自己的志向，我们就已经取得了初步的胜利。

大多数人为什么最后变成了普通人？正是因为没有志向，总是"战中求胜"，而不是"先胜后战"，因而到最后就偃旗息鼓、销声匿迹了。

阳明先生在《示弟立志说》一文中曾论述过立志，笔者在这里简单地分享一下其中的一些要点，供大家参考。

夫学，莫先于立志。

学习，首先就是要立志。这里的"学"，不仅指学知识，更是"觉"的意思，如何觉悟，如何唤醒内在的良知。我们知道阳明先生的"心学"是心的学问，开发心灵宝藏的学问，不是一般意义上的读书、上课。

如果我们把学习理解为积累更多的知识量的话，那就理解错了，很可能会"玩物丧志"。

所以学习本身就是一个向内走，然后厚积薄发的过程。

而学习，首先就是要立志。

志之不立，犹不种其根而徒事培壅灌溉，劳苦无成矣。

志没有立，就如同种树不培育其根，只注重培土灌溉，即便辛苦付出也不会有结果，无法成事。

世之所以因循苟且，随俗习非，而卒归于污下者，凡以志之弗立也。

世人之所以因循守旧，得过且过，敷衍塞责，随波逐流，最后变成道德、格局、境界都不高的人，都是因为没有立志。

故程子曰："有求为圣人之志，然后可与共学。"人苟诚有求为圣人之志，则必思圣人之所以为圣人者安在。非以其心之纯乎天理而无人欲之私欤？圣人之所以为圣人，惟以其心之纯乎天理而无人欲，则我之欲为圣人，亦惟在于此心之纯乎天理而无人欲耳。欲此心之纯乎天理而无人欲，则必去人欲而存天理。务去人欲而存天理，则必求所以去人欲而存天理之方。

因此程颢先生才说："有求做圣人的志向，然后才可与他一起学习。"一个人如果真的有成圣之志，就一定会去思考圣人为圣人的根源所在，难道不是因为圣人内心纯为良知而没有一丝私欲？那我想要成为圣人，也要在内心纯为良知而没有一丝私欲上下功夫。如果要此心良知充盈而没有一丝人欲，就一定要去人欲而存天理。而要去人欲、存天理，就一定要去找到去人欲、存天理的方法。

什么叫去人欲、存天理？朱熹说，吃饭是天理，想要美食就是人欲。有人提到，这个要求有点儿高，应该说想要美食也是天理，但是如果管不住嘴巴，吃太多就是人欲。孝敬父母是天理，想要成为一个远近闻名的大孝子就是人欲。把自己的事情做好，为客户创造价值就是天理；心里老想着怎么功成名就，就是人欲。

夫立志亦不易矣。孔子，圣人也，犹曰："吾十有五而志于学，三十而立。"立者，志立也。虽至于"不逾矩"，亦志之不逾矩也。志岂可易而视哉！

立志是不容易的。孔子这位圣人都说："我 15 岁开始立志求学，到 30 岁才确立了自己的志向。"这中间花费了 15 年。可见立志是一个持续的过程，不是一次就可以立住的，也不是几天就能立住的。

而一旦志向立定以后，就不会轻易改变，要用一生去坚守。如果今年立志，明年又重新立志，就不叫立志了。可以说，志向是我们一生的指南。

孔子后来到了不逾矩的境界，即志向没有偏离初心，一辈子没有改变过志向。立志这件事怎可等闲视之呢！

所以我们也要立定一个志向，矢志于一个方向奔跑几十年，这才是一件有意义的事情。

夫志，气之帅也，人之命也，木之根也，水之源也。源不浚则流息，根不植则木枯，命不续则人死，志不立则气昏。

志，是气节的主导、人的命脉，就像树木的根、水的源头。源头没有疏理则水会断流，树木没有根就会枯死，命脉没有延续人就会死，志向不立人就会昏聩。

这里的"气"可以说就是人的精气神，如果志不立的话，人就没有精气神，就不知道活着是为了什么，就会追名逐利而不自知，常常患得患失。而有志之人，就会神清气爽，懂得以服务为目的，利而不害，为而不争，活得非常坚定和专注。

是以君子之学，无时无处而不以立志为事。正目而视之，无他见也；倾耳而听之，无他闻也。如猫捕鼠，如鸡覆卵，精神心思凝聚融结，而不复知有其他，然后此志常立，神气精明，义理昭著。

因此君子学圣人之道，时时处处以立志为头等大事。正目而视，看不到其他的东西；侧耳而听，听不到其他的声音。就像猫捉老鼠、母鸡孵蛋，精神高度集中，其他的什么都不关注，这样的志向常立，自然神气精明，良知显露。

由此可见，学习的头等大事就是立志，一门心思专注于此，才会有所增益。不然只是搜集、整理很多知识、信息，就会本末倒置。

一有私欲，即便知觉，自然容住不得矣。故凡一毫私欲之萌，只责此志不立，即私欲便退；听一毫客气之动，只责此志不立，即客气便消除。或怠心生，责此志，即不怠；忽心生，责此志，即不忽；躁心生，责此志，即不躁；妒心生，责此志，即不妒；忿心生，责此志，即不忿；贪心生，责此志，即不贪；傲心生，责此志，即不傲；吝心生，责此志，即不吝。盖无一息而非立志责志之时，无一事而非立志责志之地。故责志之功，其于去人欲，有如烈火之燎毛，太阳一出，而魍魉潜消也。

志立了以后，有一点儿私欲，便能觉知，自然不会让私欲留住。只要有丝毫私欲萌发，就会责备自己的志向未立，这样私欲就会消退；有丝毫习气萌动，就会责备自己志向未立，这个习气就会消除。

生出了怠惰的心，就责备志向未立，便不会再怠惰；

生出了疏忽的心，就责备志向未立，便不会再疏忽；

生出了焦躁的心，就责备志向未立，便不会再焦躁；

生出了忌妒的心，就责备志向未立，便不会再忌妒；

生出了愤恨的心，就责备志向未立，便不会再愤恨；

生出了贪婪的心，就责备志向未立，便不会再贪婪；

生出了骄傲的心，就责备志向未立，便不会再骄傲；

生出了吝啬的心，就责备志向未立，便不会再吝啬。

如此，时刻都在立志、责志，所有的事情也都立志、责志。这样责志的功夫，就在于去人欲，有如烈火燎毛，太阳一出，鬼魅都消失不见了。

此处有一个关键的方法，就是"责志"。什么叫责志？就是私欲萌生的时候立马反躬自省，问自己的志向是什么？一个有此志向的人，此时应如何自处？圣人如果处此，更有何道？

责志，就是让自己的志一次次得到确认，私欲一次次被清除的过程，直至此心光明，没有一丝一毫的不明和不合理的欲望。这便是所谓去人欲、存天理了。因此，责志是致良知的头等功夫。

综上可知，志是我们在与自己的私欲做斗争的过程中立住的，因此时时刻刻保持觉察、反躬自省非常重要。如果我们一天到晚浑浑噩噩，整个人就会被私欲所侵蚀。

后世大患，尤在无志，故今以立志为说。中间字字句句，莫非立志。盖终身问学之功，只是立得志而已。若以是说而合精一，则字字句句皆精一之功；以是说而合敬义，则字字句句皆敬义之功。其诸"格致""博约""忠恕"等说，无不吻合。但能实心体之，然后信予言之非妄也。

后世最大的问题，就在于没有立志，因此今天特别提出立志。中间讲的字字句句，都与立志有关。人一生的学问，都在于立志。如果把这种学说合于精一，则字字句句都是精一的功夫；如果说是敬义，则字字句句都是敬义的功夫。至于"格致""博约""忠恕"等理论，无不吻合。如果能够用心体会实践，就会相信我讲的都是真的。

我们之所以不立志，主要是因为不知道立志的重要性，以及什么是立志。立志也有很多层次，比如立圣贤之志、君子之志、善人之志等，是有不同的。

另外，人不立志，主要是不相信自己内心的力量，认为要想成事需要借助外在的力量，而不知道从内心中去用功。

孟子说："学问之道无他，求其放心而已矣。""放"就是走失的意思，把原来丢失的那颗心找回来，这就是学问之道。所谓立志，就是我们愿意向内走，把心找回来，然后打开心中的无尽的宝藏的过程。

第四节　核心路径：亲民第四

《大学》开篇即开门见山地提出："大学之道，在明明德，在亲民，在止于至善。"

怎样成为大人？需要做两件事：一件事是修身，即明明德；另一件事是亲民，即帮助更多的人明明德。这两件事是一体的，其实是一回事。

所谓修身，就是明明德；所谓齐家，就是带动全家明明德；所谓治国，就是带动整个国家明明德；所谓平天下，就是带动全世界明明德。

如何修身？一个人关起门辛勤地格物，很难做到真正的修身。我们要走出去，到人民群众中去，为人民服务。有人民群众的砥砺和再教育，我们才能更好地修身。

所以我们还需要做一件事，就是找到人民，找到属于自己的客户，努力地为客户创造价值。

我们在为客户创造价值的过程中实现自身的升华。

一颗葵花子放在家里永远是一颗葵花子，但我们将它放到大自然中，它在阳光、雨露、土壤的滋养下就会长成一株向日葵，然后结出无数的葵花子。

一颗葵花子就是一株向日葵，一即一切，一切即一。人如同一颗葵花子，人和宇宙天地万物是一体的，整个宇宙天地万物就如那株向日葵。所以，宇宙天地万物所有的，我们也有。

我们不要执着于一颗葵花子，而是要找到属于自己的阳光、雨露、土壤，然后我们会发现自己像一株向日葵那样伟大。

简而言之，我们不要执着于自己如何，这些都是人欲。我们要考虑的是客户是谁？客户在哪里？客户的苦与痛是什么？我们如何与他们连接？……我们需要从客户的角度去开展工作。

客户就是我们的阳光、雨露、土壤，我们为客户服务，不是客户需要我们，而是我们需要客户。

我们为客户服务的过程，可以称为亲民，亦可以称为利他、连接，或者敬天爱人、心心相通，都是相同的含义。

我们只有助人，才能更好地自助；只有利他，才能更好地利己。

亲民从哪里做起呢？我们应该从自己身边的人做起，在服务家人上下功夫。好好服务家人，就是开发自己内心宝藏的开端。由服务家人，推己及人，由近及远，做到服务更多的人。如果我们连自己的家人都不愿意服务，怎么可能愿意全心全意地为人民服务呢？

我们对服务家人一定要有充分、深刻的认识，每天都需要自问：今天我为家人做了什么？我真正关注家人了吗？我为什么看不到家人的付出与需求？我为家人真正付出了什么？

我们想要服务好家人，就应该先改变自己。

如何改变自己呢？比如我们可以通过前文讲述的扫除道，来改变、提升自己。这样家人自然愿意接纳我们，并且愿意跟我们一起改变、提升。然后我们就可以推而广之，服务更多的人。

服务更多的人不仅要做出实际行动，更要有善念。因此，我们在服务客户的过程中，要时刻检视自己的服务动机是为己还是为人。

我们服务客户，不是利用客户销售自己的产品来获取利益，而是服务客户、建设客户，让客户有所收获。真正的利他是利他之心，让他的心得以提升、受益。

此外，亲民的关键点是争分夺秒地服务他人。我们不仅要以善念、善行服务客户，还要能够争分夺秒地服务客户。如果我们服务客户的速度很慢，那么自我提升的速度也会很慢。

如果我们在服务客户的过程中能够找到一种有效的模式，随时随地服务客户，其产生的势能是无法估量的。我们只有付出超过常人的努力，才能够做到争分夺秒地服务他人。

第五节　四个唤醒口诀：从入门到精通

在《阿里巴巴和四十大盗》的故事中，阿里巴巴使用的"芝麻，开门"口诀，实际上就是打开宝藏山洞大门的咒语。

为了让大家更好地践行前文提到的 4 个步骤，笔者再提供 4 句唤醒口诀，以强化大家对 3.0 操作系统的理解。

这 4 句唤醒口诀分别是：

> 人心即宝藏，
>
> 开发即战略，
>
> 亲民即开发，
>
> 自作即自受。

第一句口诀：人心即宝藏

虽然我们学了很多知识，上了很多课程，做了很多事，但是往往并未意识到自己的心才是创造一切可能性的入口。

我们虽然做了很多努力，但或许并没有在心上努力，没有去开发心性，改变心性，提升心性。

人与人真正的不同在于心的不同，在于心与心纯度的不同。心纯见真，心的纯度很大程度上决定了人一生的境遇，一座宏伟的人生之城不可能建立在一颗虚假的心灵之上。

我们的心包罗万象，幸福、自在、圆满、财富、健康、能量、智慧、格局、视野，应有尽有。

吾心即宇宙，宇宙即吾心。稻盛和夫说："人生的一切都是自己内心的投射，人生中所发生的一切事情，都是由自己的内心吸引而来的。犹如电影放映机将影像投映到屏幕上，内心描绘的景象，会在人生中如实再现。"因此，我们若想让自己的人生变得不同，首先要让自己的心变得不同。

身之主宰便是心。一个人能看、能听、能言、能动，不是因为眼睛、耳朵、嘴巴、手脚，而是因为心。因此，我们想要让自己有所成就，首先要让心变得不同。真正的用功，是在我们的主宰处下功夫。

无论我们之前达到过怎样的高度，即使是达官显贵或是人中豪杰，其收获与自己内心的宝藏相比，依然微不足道；无论我们之前多么微不足道，哪怕一贫如洗，只要找到内心的宝藏，依然有无穷的可能性、无尽的发挥空间。

如果我们遇到了瓶颈或者挫折，想要走出困境却毫无办法，那是因为我们的心并没有改变。

如果我们尝试了所有的方法依然无效，那么请重视自己的心。如果我们真的想变得不同，有所成就，请从自己的心开始改变。

第二句口诀：开发即战略

你当下最重要的事情是什么呢？是运动，是赚钱，还是换工作？你都在忙些什么呢？你所做的哪一件事是在开发你的内心宝藏？

人生最大的战略就是开发自己的内心宝藏。地上的灰尘不会自动消失，我们的心也不会自动改变。我们的内心有无尽的宝藏，只有开发内心，我们才能真正变得不同。

如何开发？请激活 3.0 操作系统。

第三句口诀：亲民即开发

人在开发内心宝藏的同时，必须协助他人开发其内心宝藏。人只有借助他人，才有机会完善自我。

人一直关注"我"，想让自己有所得，结果却很难成功。人只有拓宽眼界，关注他人，服务他人，才会有真正的改变。人真正的成长，起始于真正服务客户的那一刻。

人一旦有了为自己"求"的心，目光就开始狭隘，就无法获得更长远的回报，看似获得了很多短期利益，却与真正的财富失之交臂。短期收益有可能是长期收益的最大障碍。

人仅仅依靠自己无法取得杰出的成就。一滴水只有融入到大海中，才能拥有大浪淘沙、惊涛拍岸的雄伟气势与无穷的能量。

心需要滋养。在真正服务客户的过程中，我们的心才会得到滋养。人是被客户改变的，被客户的改变所改变的。改变是生命激发生命，我们只有成就客户发生生命的改变，自己的生命才会得以改变。

真正的利他，是利他之心，让他人意识到自己的内心拥有无尽宝藏，让他人能够开发和提升自己的心，让他人能够深悟笃行"人心即宝藏，开发即战略，亲民即开发，自作即自受"，最后提升整个人类的心灵层次以及意识能量层级。天地万物一体，一即一切，一切即一。我为人人，人人为我。

我们既是天地的一部分，也是天地本身。天地不会只关心某一个人的得失，只会关注整个天地万物的更新升级。我们学着像天地一样关注整个宇宙系统的进化迭代，就是"与道同行"。

第四句口诀：自作即自受

种瓜得瓜，种豆得豆。我们种下善就会得到善，种下恶就会得到恶。我们播种就有所得，不播种就毫无所获。

命由己作，自作自受。我们对他人输出什么，即代表着向自己输入什么，输出即输入。我们向他人做了什么，就会从他人那里得到什么。我们以善的言行对待他人，就会同步向自己输入好的结果，反之也是一样。

《了凡四训》指出："世间享千金之产者，定是千金人物；享百金之产者，定是百金人物；应饿死者，定是饿死人物；天不过因材而笃，几曾加纤毫意思。"你的命跟外界环境没有关系，跟你怎么"作"直接相关。你作好的，就受好的；你作不好的，就受不好的。

成就他人即成就自己，当我们成就更多的民众开发自己的内心宝藏，就是自己的内心宝藏得到了开发。

03

第三章

击穿人欲进步快：
从"观念法"到"分击法"的格物进阶

格物的核心是去除人欲，击穿人欲。

学习不仅是做加法，增加信息量，也要做减法，减去人欲。击穿人欲的过程，就是学习。击穿人欲可以分三步走：定位，确定人欲的类型；准备，主动认账；然后点燃明理、明心两条引线进行爆破。

击穿人欲最好采取"分击法"，即"分而击之"，集中优势兵力各个击破，一段时间只主攻某一个人欲，饱和攻击，单点击穿。

第一节　定位、准备、爆破：击穿人欲三步走

在激活 3.0 操作系统的 4 个步骤当中，我们提到了"格物第二"，并且初步提到了格物的方法"观念法"，接下来我们重点讲解格物的另外一个方法"分击法"。

格物的核心实际上是对抗人欲。借用混沌学园创办人李善友教授"击穿"的概念，我们想要完成格物，走向天理，就必须"击穿"人欲（见图 3-1）。

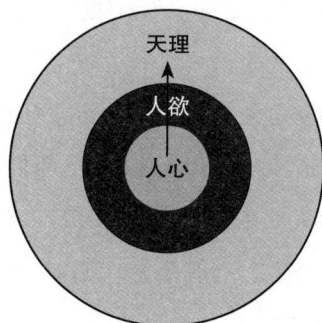

图 3-1　"学习 = 击穿人欲"模型

人心本为天理，只不过被人欲所遮盖，所以才有"时时勤拂拭，勿使惹尘埃"之说，扫除灰尘（人欲）之后，自然"明心见性""尽心知性"。

击穿人欲的过程，就是人成长、精进、进化的过程。

我们当下的努力与学习，是在增加人欲层的厚度，还是在击穿人欲？很多时候我们是在做增加人欲的事情，这就是人难以进步的根本原因。

那什么是学习呢？

以前，我们认为增加信息量就是学习，从小学到大学，我们所有的学习都是在不断积累知识，记住一个公式，牢记一个原理，背诵一首诗，熟记一个历史事件，不断记忆一个又一个概念。我们以为这就是学习，以至习惯了这种学习方式。

当遇到人生挑战或者处于困境中时，我们往往也按照这种方式去学习，不断去上课，去学一个又一个的工具和方法，期待以这种方式来解决问题，殊不知越学越被知识所障碍。

因为学习不仅要做加法，也要做减法。

减去什么呢？减去人欲。

今天让我们来重新定义"学习"——击穿人欲的过程，就是学习。

孔子说："学而时习之，不亦说乎？"我们所说的"学习"，实际是努力地练习击穿人欲并能有所得。子曰："弟子入则孝，出则弟，谨而信，泛爱众，而亲仁。行有余力，则以学文。"我们首先要学做减法，之后再去学做加法。

"入则孝，出则弟，谨而信，泛爱众，而亲仁"，这些都是做减法。当不能孝悌的时候，我们要问为什么不能孝悌？是什么挡住了自己？我们只有减去心中的贪、嗔、痴、慢、疑，让心归于纯净，才能真正做到"入则孝，出则弟，谨而信，泛爱众，而亲仁"，而后才可以去学习所谓的文化知识。

其实，《论语》就是在讲做减法，只有做了减法，才能建立做人的根本，"君子务本，本立而道生"，只有建立了根本，才能生生不息，根深叶茂。

击穿人欲之后，当心与天理合一，自然心生智慧、心生万法。

那么，我们如何击穿人欲呢？

我们假设人欲是一层厚厚的云层，它遮住了太阳，让阳光无法抵达大地，这些云层并非稀薄的水汽，而是由坚冰构成的，非常厚实和牢固，我们需要用炸药引爆，才能突破这层障碍。

我们可以分三步走。

第一步，定位

定位相当于选定一个地点，对即将击穿的人欲进行分类和确认，以便做到知己知彼。

我们需要确认自己萌发的是什么类型的人欲，如同王阳明提到的"八颗心"，确认自己萌发的是躁心还是贪心，是忽心还是吝心。如果我们自己无法判断自己萌生的是何种人欲，也就等于无法确定自己将要面对什么样的敌人，这样很难对症下药，克敌制胜。

比如当你突然发现朋友新买了一个好几万元的背包，你的心里马上不是滋味，本来你应该真诚地恭喜，或者由衷地高兴，只可惜你暂时还做不到。虽然你嘴上极力称赞，但你心里就像打翻了五味瓶，萌生了羡慕、忌妒、憎恨之情。

这是一种什么人欲呢？ 当你认真地分析后，可以将这种人欲归为"妒心"，这就是定位。

当你定位好之后，接下来你就要开始在这个地方钻孔以便放置炸药了，为最后的爆破做好准备。

第二步，准备

准备什么呢？准备认账！当我们识别人欲之后，认账很重要。

很多人在发现自己的人欲之后，第一反应是抗拒，甚至编织各种理由合理化自己的人欲，自欺欺人。这样是没办法克制人欲的，只会越陷越深。如同很多家庭矛盾之所以长期得不到解决，就是因为当事双方相互指责，没有一个人认为是自己的问题，都认为是对方的问题，导致积怨越来越深，最后甚至造成家庭破碎。

因此，承认自己存在不合理的欲望，承认自己有问题，主动地认账，非常重要。我们只有认账了，才会真的愿意去改变。

认账也可以采取一些具体的办法，比如在人欲萌发的当下就直接痛骂自己，起到自我震慑的作用。虽然责骂自己也许没有多大用，但是可以义正词严地给自己传递一个信号，就是孰对孰错，然后才有改正的可能性。如果我们一开始就不承认是自己的问题，那么后面的改过也无从谈起。

再比如可以给自己立誓言，如"下次我绝对不能再这样了"，让自己高度重视起来，不给自己留退路。

认账就相当于对人欲层进行初步的钻击，并钻出一个深度合适的孔洞，以便我们安置炸药。接下来就要适时进行引爆了。

第三步，爆破

为了加快进度并取得实效，我们需要准备两条"引线"。

第一条引线：明理

所谓明理，就是给自己讲道理，做思想工作："每个人都有权利得到好东西。""有本事的话自己挣啊！""你就追求这样庸碌的人生？""我本富足……""欲壑难填，比来比去何时休？"……

曾国藩对忌妒心有一段比较独到的描述，可供我们在明理时参考：

> 余生平略涉儒先之书，见圣贤教人修身，千言万语，而要以不忮（zhì）不求为重。忮者嫉贤害能、妒功争宠，所谓忌者不能修，忌者畏人修之类也。求者贪利贪名，怀土怀惠，所谓未得患得，既得患失之类也。……将欲造福，先去忮心，所谓人能充无欲害人之心，而仁不可胜用也。将欲立品，先去求心，所谓人能充无穿窬（yú）之心，而义不可胜用也。忮不去，满怀皆是荆棘；求不去，满腔日即卑污。余于此二者常加克治，恨尚未能扫

111

除净尽。尔等欲心地干净，宜于此二者痛下工夫。

这里的"忮"就是忌妒。曾国藩对"不忮不求"非常重视，并且还将此写入家训。

明理的最后，需要确定一个"正念"，即给自己定下一句警语，作为今后的行动指南。比如面对妒心，告诉自己要"不忮不求"，以此作为自己今后行动的标准和规范，长期坚守。

第二条引线：明心

我们不仅要明理，还要明心，不断洗刷心上的灰尘。

明心就是发"三颗心"。

第一，发耻心。比如自问："我怎么沦落到被物所役的地步？如果孩子知道了，会如何评价我？我的颜面将何存？"

第二，发畏心。一念发动便是行，不好的念头的作用力也会反施于自己身上，自己最终也会被他人所妒。人要懂得敬畏、慎独，不能自欺欺人。

第三，发勇心。比如鼓励自己："我不能做坏习性的奴隶，一定要改掉恶习。虽然改起来慢一点儿，但我只要持续不断，总能一次比一次好，加油！"

当我们践行了"三步走"原则，假以时日，我们就可以击穿人欲。

我们击穿一分人欲，就会复得一分天理，如此，我们的3.0操作系统开始被逐渐激活。不过这需要极大的耐心，我们要懂得克己用功，而不是期待一蹴而就。

第二节　掌握几种击穿人欲的核心方法

人容易长期受习性、脾气、习惯的影响而不自知，更别谈改变了，因而难以保持持续的升级迭代。

我们可以把不良习性称为人的臭毛病，比如好色、贪财、好名、脾气火暴、妒心太重、心胸狭窄、吝啬等。我们找出主要的不良习性，认真地对待，努力地攻克，最后就会"一通百通"。

寻找并努力地攻克臭毛病的过程，就是我们击穿人欲的过程。

论击穿人欲的典范，当然不能不提曾国藩。曾国藩年轻的时候也有很多毛病，好色、好名、虚荣、易怒、高傲……一个也没落下。与曾国藩暂住在一起的父亲因此一气之下离开京城回了老家，并写信要求曾国藩"节欲、节劳、节饮食"。从其父亲的要求当中，我们可以看到曾国藩当时的情况有多糟糕，与凡夫俗子别无二致。

收到父亲的严厉批评之后，曾国藩给自己立下了"三戒"（戒多言、戒愤怒、戒忮求），开始写反省日记。他又设立"十二日课"，告诫自己"不为圣贤，便为禽兽"，开始了艰难的修身历程。

曾国藩后来能够脱胎换骨，从一个碌碌无为、满是恶习的人，成长为一代大儒、半个圣人，与他半生努力地击穿人欲不无关系。

曾国藩修身的历程，恰好是一个例证，让我们看到去除人欲的价值和方法。

笔者列出了几种主要的人欲，初步探寻了对抗这些人欲的方法，以期起到抛砖引玉的作用。

如何击穿傲心？

笔者在前文中曾提到傲念，它的表现形式多种多样，而且极其隐蔽。我们要想真正地击穿傲心，极其不易，或许要下毕生的功夫。

本杰明·富兰克林年轻的时候也非常傲慢，往往盛气凌人、颐指气使，与人讨论问题时得理不饶人。富兰克林在制定自己的美德践行名目的时候，一开始只有 12 项，后来他的朋友一定要他增加 1 项，专门用来根治傲慢无礼，并且还举了很多例子，说得富兰克林心服口服。于是他便给自己增加了 1 项要践行的美德，就是"谦卑"。

富兰克林开始给自己"立规矩"：严禁与人针锋相对，拒绝言语武断，不允许自己使用表示确定的词语，比如"肯定""无疑"等，代之以"我心想……""我的理解是……""我认为……"等。

接下来，富兰克林严格地按照自己的要求去做，一开始虽然有一些牛不喝水强按头的架势，慢慢地却到了习惯成自然的程度。他与人的谈话变得更加惬意，人家的反驳也越来越少。在往后的 50 多年里，他基本上改掉了傲慢的毛病，这种谦卑的习惯帮助他赢得了更多的影响力。

在自传里，富兰克林这样写道：

在我们的性情中最难克服的也许就是骄傲了，你尽可以千方百计地将它伪装，跟它拼搏，把它打翻在地，掐住它的脖子，将它狠狠地羞辱一顿，但就是弄不死它，一有风吹草动，它又窥间伺隙表演一番。哪怕我自以为已经彻底战胜了它，我也许又该为自己的谦卑而居功自傲了。

由此可见击穿傲心的不易。那么我们应该如何来做呢？

第一步，定位

比如我们在与扫地阿姨、外卖小哥、门卫保安打交道的过程中，一不小心就会萌生傲念，常常目中无人，有一种看不起人的心态，有时会因为一点儿鸡毛蒜皮的事而不耐烦，就会"色难"他人，这都是我们的傲念在作祟。

假设你也有这样的行为，首先需要去分析这是哪种人欲。

因为并非每个人都知道自己内心真正的想法。也许你会认为是对方的某个问题引发了自己的不舒服，比如快递小哥给你打电话问一些莫名其妙的问题，或者你在进出小区时被保安拦住盘问……总之，这些都有可能引发你内心的不快。你或许会认为这是对方的无礼造成的，但细细地探寻下去，或许当时自己也萌生了傲心。

第二步，准备

如何准备呢？比如我们规定自己今后对任何人都要言忠信，行笃敬，态度一定要和气。我们也可以像富兰克林那样给自己立规矩。

无论如何我们先把自己的外在行为管控起来，如果对外在行为放任自流，那么很难对内心进行管理。

假设你承认自己生了傲心，那么进行第三步——爆破。

第三步，爆破

首先，我们要点燃第一条引线"明理"。

我们骄纵无礼，实际上是在助长自己的戾气，让自己往飞扬跋扈的方向越走越远，让这颗心越来越难以受到管控。我们用这颗心做事，一不小心就会栽跟头。表面上看似乎只是我们对人无礼，实则是在无形中伤害了自己。

如果我们在貌似地位低下的人面前放肆无礼，那么就无法做到在地位、才能、德行比自己高的人面前不卑不亢。

曾国藩说："天下古今之才人，皆以一傲字致败。"傲可以说是自断后路，因此，我们一定不能骄傲。"欲去骄字，总以不轻非笑人为第一义"，所以我们首先应管住自己的嘴，不嘲笑，不看轻任何人。

"爱人者人恒爱之，敬人者人恒敬之"，我不敬人，何来人敬我？天地万物一体，本是同根生，又有什么高下之别？

总之，我们应不断地用各种方式为自己做思想工作，为自己责善。

在明理之后，我们需要找到一句"正念"的话，作为自己今后行为处事的提醒，比如"忠信笃敬"。

其次，点燃第二条引线"明心"。

发耻心。我们应该常常反省："自己几斤几两自己还不清楚吗？我混得如何？我哪有资格轻视别人？……"

发畏心。我们应该时刻警醒自己，千罪百恶，皆从傲上来，一个傲念，也许就会带来无数个罪恶的行为，不可小视。

发勇心。我们要时刻提醒自己："做人一定要谦卑，应该效仿富兰克林，学会谦卑……"

当然，以上只是举例，更多的工作还要自己下功夫。傲的表现也非常之多，不是上面几个简单的例子可以涵盖的，还需要我们对症下药，方能药到病除。

如何击穿色欲？

"食色，性也。"好色也是很多人的臭毛病，不仅男人，女人往往也好色。不仅普通人，大人物往往也好色，比如年轻时候的曾国藩。

曾国藩的日记中记载，有一次他在朋友家看到主妇，"注视数次，大无礼"；他在另一家见到了几个漂亮的姬妾，"目屡邪视，直不是人，耻心丧尽，更问其他？"；还有一次曾国藩强行要见朋友新纳的小妾，"友人纳姬，欲强之见，狎亵大不敬"。

很多人亦如此，比如你走在大街上，突然对面走来一位美女，你不自觉地就被吸引了，甚至会想入非非。当然，欣赏美女没什么问题，毕竟爱美之心人皆有之，这不是人欲，但你看得太过分、看得放不下、看得想入非非就可能是人欲了。

好色也许不是问题，但问题是它会带来"瘾"，一旦有了瘾，你就会被色欲所掌控，遇到美色就会缴械投降，如同失去了人身自由。

我们应该如何击穿这色欲呢？

第一步，定位

我们先要确定这基本上属于色欲。

第二步，准备

比如像曾国藩所做的那样，骂自己"真禽兽矣"。我们也可以规定自己以后出门尽量不东张西望，而是目视前方。当遇到美女时，我们第一时间收回目光，告诉自己"非礼勿视"。任何时候，我们都不要高估自控力，还是一个"避"字了得，避开不看就好。

第三步，点燃引线开始引爆

首先，点燃"明理"引线。

好色以及由此导致的邪念会带来很多问题，依据"念头—行为—结果"来判断，你有了好色的念头，也许就会有邪淫的行为，有了念头和行为，即使没有付诸实际行动，最后也一定会带来一些不好的结果，然后在潜移默化中影响自己。

《道德经》曾讲，"美色令人目盲"。目盲不是令眼睛看不见，而是使人心混乱，因而人很难做出正确的判断和选择，进而影响自己的事业。因此我们要做到心明眼亮，心不明，自然眼睛就不亮，就很难看清事物的本质，从而活在混沌当中。

人对美色的需求应适度，富兰克林在"十三美德"当中提出"贞洁"，就是要求自己节欲。

我们可以告诉自己人生更高的追求是"慧命"，而不是"兽命"，为了满足兽命而反复戕害慧命，实际上得不偿失，因小失大。

因此，我们需要反复不断地为自己做思想工作。

其次，点燃"明心"引线。

色欲始于念头，当觉察到这个念头时，我们应该立即"断念"，毫不迟疑地断掉这个念头。我们只要不被念头所牵制，基本上就不会有问题。

"不怕念起，就怕觉迟"，只要有这一觉，念头就会自动消失了。因此，当我们有色欲的念头时，心是知道的，我们立刻觉察，念头随即就会消失。

破山中贼易，破心中贼难。一个色欲的念头消失，另一个色欲的念头或许又起，我们需要保持高度的警惕，随时保持高度的觉察，随时随地省察克治，才能各个击破，不留一丝一毫。

当然，这需要我们不间断地刻意练习。我们必须有强大的意志力，方有进步可言。

这里所讲的方法也只是抛砖引玉，如果大家有此毛病，也不要妄自菲薄，而是要痛下决心根治，需要自己在"明理明心"上不断下功夫进行操练。

如何击穿好名？

阳明先生说："为学大病在好名。"好名也是人常犯的毛病，许多人修身、学习、做事都不是为了自己，而是因为贪慕虚荣。所以孔子才说："古之学者为己，今之学者为人。"前人学习都是为了自己，生怕自己学识不高、修养不够、德行有亏，所以努力地弥补自己的缺失；如今的人学习都是为了做给别人看，希望获得一个好名声。比如很多人刚到学习场所，还没开始上课，就先发一条朋友圈打卡，有没有真正掌握知识并不重要，反正发了朋友圈就代表完成了一半的学习任务，这就走入了好名的怪圈里。

好名的表现形式非常多，我们极不容易察觉。

比如我们去一家高档的服装店里买衣服，本来预算只有1000元人民币，但非要反复去试穿3000元甚至5000元人民币的衣服，就是不想让店员看低了自己，为了所谓面子，不断地做言不由衷的事情，最后再以各种理由逃离，这都是因好名生的病。

比如当向上司汇报工作时，你便浑身不自在，总想把最好的一面表现给上司看，希望得到上司的正面评价，这也是一种好名，它可能会让你偏离重点，做很多虚伪矫饰的动作。

比如一个老好人，可能养成了讨好别人的习惯，无论见到什么人都使劲地说一些赞美的话，看似为别人好，实际上可能只是为了获得对方的认可拉近关系，希望对方觉得自己够义气，这也是一种好名。

我们为了求一个好评价、好名声，而做出很多违心事，这样的臭毛病可谓是积重难返。

如何击穿好名这个人欲呢？

第一步，定位

以扶老奶奶过马路为例，如果你做这件事是为了获得助人为乐、老吾老以及人之老的好名声，那么这可能就是一件坏事，会滋长自己好名的欲望，变得心怀不正。当确认自己确实是好名之后，你就不要躲闪，赶紧认账。

第二步，准备

比如责骂自己虚伪，告诫自己不要做伪君子，或者给自己定规矩：是非即成败，不因名利得失去做事。

第三步，爆破

首先是"明理"。动机不对，努力白费。达摩说梁武帝"造寺度僧"了无功德，那是因为梁武帝的动机不对。对我们来说也是如此，好名会让我们只做表面功夫，甚至哗众取宠，成为一个表里不一的虚伪之徒，难道这就是我们的追求吗？

其次是"明心"。

阳明先生指出，实与名相对应，解决好名的办法，就是多去做务实的事，一旦养成了务实的习惯，好名的病便不药而愈。

阳明先生又说，"疾没世而名不称"，君子最担心的应该是自己死后的名誉跟实际不相称，如果名誉超过了实际，君子也会觉得耻辱。现实和名声不符，在活着的时候我们还有时间弥补，死了就来不及补救了。

击穿好名的办法，就是多去做务实的事，务实之心重一分，则务名之心轻一分。

如何击穿好利？

所谓好利，就是贪财好利之意，这也是人之常病。

"天下熙熙，皆为利来；天下攘攘，皆为利往。"

好利也不全是问题，正常的赚钱养家糊口肯定是必要的。如果讲到义利之辨，我们需要考虑孰先孰后、主要次要的问题，如若不明白其中的道理，人就有可能利欲熏心，做出见利忘义之事，害人害己。

对于当今社会来说，更大的问题是一切以赚钱为目的，做人、做事均与钱多少相关，到处充斥着金钱主义，这必会滋生很多问题。

我们应该如何击穿好利的人欲呢？

同样，当通过定位确定是"好利"之人欲后，我们就要做好初步的准备——认账，比如痛骂自己胸无大志、毫无见识，或者告诫自己做事不要以赚钱为目的。

然后是"明理"。

我们一心想着钱，就很难用心去打磨产品。没有优质的产品，我们就很难连接到客户，很难让客户对我们的产品产生信赖。

我们一心想着钱，就很难真心地服务客户。商业的发展是基于客户的信任。我们只有真正赢得了客户的信任，才有更多的可能性可言。

我们看到很多人因为金钱、名利去做事，心里根本没有服务客户的想法，这样的思维方式、行为方式，并不能使人和企业长久地走下去。

如果你现在正在和客户打交道，请放下推销自己的产品的思维，放下你对业绩的焦虑，努力地走到客户中间，观察自己可以帮客户做些什么。当你能够在很多方面帮到客户，业绩自然不是问题。

明理的最后，你需要找到一句"正念"的引导语，比如"人生以服务为目的，顺便赚钱""关注客户，而非关注客户的钱包"等，用以持续地引导自己。

最后是"明心"。

发耻心："君子喻于义，小人喻于利"，一不小心就成了小人，真是惭愧。

发畏心：动机即结果，冲着钱去，永远赚不到钱。

发勇心：《易经》中的"厚德载物"，《大学》中的"德者本也，财者末也"，足以说明厚德才是根本，财富只不过是副产品，我们一定要积累善德，走正道，才能少走弯路。

如何击穿惰欲？

有一种毛病叫什么都知道，但就是做不到。做不到的第一个表现是不愿意动手。比如我们知道扫除道，也知道扫除很好，但往往只见"道"，不见"扫"，自己的腰弯不下来，手动不起来，很多时候都是惰性在影响自己。

很多人的口头禅是"懒得弄""懒得做"，因此我们必须想办法对自己的手脚进行彻底的改造。

我们应该如何改造呢？

当发现自己有惰性之后，你就要及时叫停，先勉强自己做起来，即"觉懒看书则且看书，是亦因病而药"。当不想看书的时候，你不是放过自己就算了，而是让自己先看上两页，当慢慢看进去的时候，你或许就会兴趣大增，忍不住一直看下去了。

启动一件事所消耗的能量也许是最大的，但是当你真的启动起来，接下来就相对容易很多。

我们可以不断地给自己"明理"。曾国藩说："百种弊病，皆从懒生。"我们的很多问题往往都是懒惰造成的，以一颗慵懒之心如何创造出家和万事兴的美好生活，如何创造出能传承三代的卓越事业呢？

其实让自己动起来只是"举手之劳"。比如当看到地上掉了东西时，我们弯腰捡起来，举手之劳；自己要倒水喝，给家人顺带倒一杯，举手之劳。

然后是"明心"。

我们萌发慵懒之心，将会萎靡不振，不愿意付出努力，只会亲手葬送自己的前途，有朝一日将会成为家庭以及社会的累赘。

"天下古今之庸人，皆以一'惰'字致败。"我们正值好年华，自当做一番事业，凭借双手改变命运，从今往后，一天不劳动，就一天不要吃饭，不然对不住家人，也对不住自己。

第三节 "分击法"：善用饱和攻击，单点击穿人欲

上文中虽然列出了几种主要的人欲，包括前面提到的"八颗心"，但我们要想真正放下这几颗心，击穿这几种人欲，并非易事，甚至需要用毕生之功。

为了让击穿人欲变得更容易成功，这里为大家提供一个"饱和攻击""单点击穿"的方法。我们不能泛泛地去攻击各种人欲，而是要有针对性、有选择性地集中"优势兵力"将其各个击破。

我们在击穿人欲的时候，也要在一个阶段内选择一个人欲进行"饱和攻击"，以实现"单点击穿"的目的，不要想着一次性解决所有人欲，或者平均用力，这样效果有限。

富兰克林在培养美德的时候，没有全线出击，而是每周重点选取一个美德进行修炼。他每天对照，并在一个小册子上记录下来，看自己是否严格地遵循了这个美德所提出的行为要求。这样 13 周为一个循环，一年下来可以完成 4 次这样的循环。

富兰克林说："就像一个人给花园锄草，他就没有打算一下子把所有的草铲尽锄绝，因为他没有这个能耐，但他可以一次锄一畦，锄完第一畦，再锄第二畦。"

我们也可以用这样的方式来击穿人欲。比如我们每周或者每月只选取一种人欲进行反复克治，每天利用笔记本记录克治的情况，直到有一点儿心得为止，然后下一周或者下个月再选取另一种人欲进行主攻。这样不断循环往复，使其变成自己的基本功，相信你在一两年之内必然有重大的收获。

王阳明认为，当没事的时候，我们要反思自己的根本毛病是什么，要将好色、好货、好名等私欲连根拔起，永不再犯，才算痛快。我们要像猫捕老鼠，精神、心思高度集中，私欲的念头刚一萌动，就马上意识到，当即斩钉截铁地克制。不要为自己找借口，这样才是真实的用功，才能把私欲击穿，最后到达没有私欲可克的境界，就像圣人一样无为而治。

因此，有事时我们要省察克治，无事时也要做专题训练，把人欲一一击破，这就是我们的日常功课，只有真功夫在手，才能无往不胜。

有人问阳明先生，他在宁静的时候感觉各方面都挺好的，一旦遇事就又慌乱了，该怎么办？阳明先生回答："只要去人欲、存天理，方是功夫。静时念念去人欲、存天理，动时念念去人欲、存天理，不管宁静不宁静。"

也就是说，人不要觉得无事时打坐就能得到永久的清净，还是要事上练、时上磨。无论是静思还是行动时，我们都要保持"必有事焉"，时时想着存天理、去人欲。假若我们仅仅在宁静时存天理，不但会渐渐养成喜静厌动的弊病，而且会有许多毛病隐藏在心里，遇事便会滋长起来，终究很难断绝清除。心中时时遵循天理，怎么可能得不到宁静呢？单单追求宁静不一定能够遵循天理。

　　当选取某个特定的人欲进行攻克的时候，每天晚上我们也可以配合写反省日记，就像曾国藩，把自己白天的所作所为都记录下来，反省自己做得不够好的地方，进行修正，不断夯实基本功。

04

第四章
大道至简的"观照法"：
"四句教"中的格物方法论

　　格物、正念、为善去恶不需要我们筋疲力尽地去践行，"学问之道无他，求其放心而已矣"，我们只要把心找回来，放回原位，一切问题自然就有可能解决了。

　　知善知恶是良知，知道有念，知道就好；无善无恶心之体，如如不动，回到即可。

　　"观照法"的关键其实不在于观照，而在于观照背后的主体——观照者。

第一节 知善知恶是良知,知道就好

有弟子问阳明先生:"私意萌时,分明自心知得,只是不能使他即去。"不好的念头发生的时候,心明明知道,但就是不能很快克服。

相信很多人在格物的过程中有类似的体验,明明内心萌生了一个不好的念头,自己也觉察到了这个念头,就是不能快速地去除。自己时不时地被它干扰,感到身心俱疲。

阳明先生回答:"你萌时,这一知处便是你的命根,当下即去消磨,便是立命功夫。"你心里当下的那个"知道",就是你的命根。

这个命根是什么呢?这个"知道"是什么呢?实际上就是你的心,就是你的良知,你的良知自然知道。

这个"知道"很重要,它就像一个探照灯,你要立马用这个探照灯去照这个不好的念头,不要让探照灯晃来晃去,而要对准这个念头,让光聚焦在这个念头上,那么不好的念头自然就消失不见了。

这就像一间黑暗的屋子,只要打开一盏灯,所有的黑暗都瞬间消失了。如同太阳出来,所有的魑魅魍魉都消失了。但是,魑魅魍魉不会单独出现,而是一群一群地聚集在一起;黑暗也不是单独的,而是一大片一大片地连在一起，从而让整间屋子都处于黑暗当中。念头也是一样，往往是成群结队地出现的。

一个念头出现，往往会引发一连串相似的念头，念头并不是孤立的，我们称之为"念头簇"。就像王阳明所言："克己须要扫除廓清，一毫不存方是。有一毫在，则众恶相引而来。"可见，一个恶念只要有一毫在，其他的恶念都会相引而来。

但我们的觉察意识有限，往往以为只是一个念头，不知道其实是一个念头簇。

念头簇出现的时候，有时就像开火车，一节车厢连着一节车厢，一个念头连着一个念头，"哐哧哐哧"……好像永远停不下来。一不小心，你就会发现自己已经被纷扰的念头簇所控制却不自觉。

因此，当我们意识到一个念头的时候，实际上这个念头有可能已经不存在了，你感知到的或许是念头簇中的另一个相似的念头。

你感觉到很难快速地克服一个念头，不是这个恶念有多么顽固——它可能早已消失不见了，而是这个念头簇中相似的念头在不停地出现，所以你会感觉到"不能使它即去"，实际上是不能快速地消除念头簇。

但是，只要你继续保持观照，一段时间后，念头簇就会慢慢地变小，直至消失不见。因而，每次克制念头，你并不是在与一个念头做斗争，而是在与念头簇做斗争，所以过程相对漫长一些。

因此，"当下即去消磨"不是消磨一个念头，而是消磨念头簇。

消磨的方法就是打开你的那个"探照灯"，用探照灯不停地去照。除了探照灯，你并不需要再去找一个工具。当光照射到一个念头时，它就会消失不见，另一个念头又会出现。因此，知善知恶即良知，你心里的"知道"就是你的命根，这个"知道"就是方法。

当觉察到一个不好的念头时，你马上告诉自己，"我知道了"。你知道有个念头萌发了，有个不好的念头出现了，知道念头是念头，你是你。

当你说"我知道了"时代表你在以局外人的身份审视念头，而不是被念头控制而不自知。如同你在和人吵架，正吵得激烈时，突然你的脑袋里冒出一个想法：我这是在干什么呢？这句话代表你瞬间从当前的事件中跳脱出来了，代表你变得清醒了，于是你立马停止了正在进行的伤人伤己的行为。

当你说"我知道了"时也是一样，代表这个念头没有控制住你，你立即从这个念头当中跳了出来，能够站在这个念头之外审视这个念头。当你审视念头的时候，它就消失了，取而代之的是念头簇中的另一个念头。你继续保持超然物外的态度，继续审视念头，而不是认同念头。一旦你认同这个念头，和念头融为一体，便会被念头所掌控。

把关注点放在这个审视的"观"的位置上，不要放在那个念头的位置上，这个"观"才是你，那个正在生发的念头不是你。

这个"观"的位置，才是你的正位。

所以，"我知道了"就是你处在自己的主位，用探照灯去照。你一直去照就好，不要一不小心就关掉它，不要离开自己的主位跑来跑去。

记住，"我知道了"，知道有个念头，知道就好。

当你正在抱怨的时候，假设你能够保持观照，假设你的心能够处于正位，你会立马发现一个抱怨的念头正在发生，于是你告诉自己，不能让这个念头控制住自己。于是你从这个念头当中剥离出来，并且告诉自己，"我知道了"。你知道有一个抱怨的念头，那么很快你就不再抱怨。

知道有念，知道就好。

当你干活想偷懒的时候，假设你能够保持觉察，假设你的心能够处于正位，你会立马发现一个惰念正在发生，于是你立马发出警告，"有个念头""有个惰念"，那么你就不会被这个惰念所掌控。

《大学》中曾载："身有所忿懥，则不得其正；有所恐惧，则不得其正；有所好乐，则不得其正；有所忧患，则不得其正。"那怎样才能"得其正"呢？很简单，忿懥的时候，知道忿懥了；恐惧的时候，知道恐惧了；好乐的时候，知道好乐了；忧患的时候，知道忧患了，知道就好。

为什么这么讲？知道，谁知道了？心知道了。心既然知道了，就代表心回到正位了，心回到正位了，则其他一律归位。这就叫"譬如北辰，居其所而众星共之"。

这就是孟子说的，"学问之道无他，求其放心而已矣"，把心找回来，放回原位，自然一切问题就都解决了。

很多时候，问题之所以频频出现，是因为心不知道，心不在正位上，心没有做主宰，而是让其他私欲做了主宰。

所以，"心不在焉，视而不见，听而不闻，食而不知其味"（《大学》）。心没有在正位，才是真正的问题所在。

因此，解决的办法就是让心在正位就好，这就是"修身在正其心"，心正了，身自然就修好了。

正心的方法也没那么复杂，就是"我知道了"，知道"有个念头"，知道就好。

王阳明说："人若知这良知诀窍，随他多少邪思妄念，这里一觉，都自消融。真个是灵丹一粒，点铁成金。"

这当下的那个"知道"，这能够知道、知觉的良知，本身就是诀窍，看见就好，知道就好，一看见、一知道，妄念自然就消融了。妄念之所以不消融，是因为你没有回到良知、回到心的正位，是因为你和那个妄念合一了。

因此，这良知既是客观存在，又是应用方法，既是目标，又是路径，既是体，也是用，体用合一。就像王阳明所说，盖"体用一源"，有是体即有是用。

所以，格物怎么格？致知格物，致知才能格物，格物才能致知，这就是一个循环往复的过程，格物、致知原来是一不是二。

不仅致知格物是一不是二，诚意、正心、修身也都是一不是二，"格致诚正修"都是一件事，而不是几件事。

因此，击穿人欲最终还是得靠这良知一窍。

第二节　无善无恶心之体，回到即可

　　释迦牟尼佛起初抛弃了王位，出家求道，一开始尝试了很多法门，对每一个法门都认认真真地修行，不过最后认为它们都还不是道，于是到雪山上苦修6年，一天只吃一麻一麦，饿得不成人形。后来他认为苦行也不是道，于是便下山去了。他到了尼连禅河边，吃了牧羊女供养的乳糜，慢慢恢复了体力，于是渡过尼连禅河，坐到了一棵菩提树下。当时他试过各种方法，也见过各种各样的老师，最后已经没有一个老师可以再请教，已经没有一个方法可以再尝试，只能靠自己。他发誓，如果这一次再不成道，就再也不起身，直接死在这里好了。他这一坐就是7天。到了第7天的凌晨，他一抬头看到天上的明星，一下子开悟了，便证道了。这就是释迦牟尼"睹明星而悟道"的故事。

　　这个过程与阳明先生龙场悟道何其相似。他们同样是出身富贵，一个是王子，另一个是富家子弟。同样是经历千辛万苦、九死一生，一个是在雪山上、尼连禅河边，饿得没有人形，一无所有；另一个是在万山丛中，瘴气弥漫，居无定所，只能寄居山洞，同样一无所有。他们同样是尝试了各种各样的方法，请教了各种各样的老师，一个是学数学、武功、文学，尝试无想定、非想非非想定、苦行、打坐等各种法门；另一个是广泛涉猎，初溺于任侠之习，再溺于骑射之习，三溺于辞章之习，四溺于神仙之习，五溺于佛氏之习。

释迦牟尼佛说"一切众生皆具如来智慧德相，只因妄念执着，不能证得"，阳明先生说"圣人之道，吾性自足，向之求理于事物者误也"。

可见他们所悟相同，人人都是佛，人人皆圣贤，只因被妄念所阻碍，一直在外物上追逐，所以不能成圣成贤成佛。

佛陀悟到了什么呢？"人即是佛""心、佛、众生三无差别"。自己一直在求道，求了半天，道在哪里呢？道是什么呢？原来心就是佛，我就是道。众生也是一样，那众生为什么不是佛呢？因为他们被妄念执着障碍住了，把自己虚妄不实的思想当成是自己的了，紧抓着不放，所以不能证道。

阳明先生悟到了什么呢？"心即理""圣人之道，吾性自足"。自己一直在求道，求了这么多年，经历了这么多艰难险阻，什么是道呢？道在哪里呢？其实心就是道，我就是道，本自具足，不假外求。人人心中有仲尼，人皆可以为尧舜。那为什么众人没有成为尧舜呢？因为错把妄念当成了自己，没有把道当成自己，一直在外面追寻。所以王阳明斩钉截铁地指出，心外无理、心外无物、心外无道。

他们对于所悟的阐述何其相似！道是一不是二，道只有一个。

既然你就是道，那为什么你体验不到道呢？

当你高兴的时候，你知道你在高兴；当你愤怒的时候，你知道你在愤怒；当你疼痛的时候，你知道你在疼痛；当你烦恼的时候，你知道你在烦恼。

　　高兴的背后有一个"知道"；愤怒的背后有一个"知道"；疼痛的背后有一个"知道"；烦恼的背后，有一个"知道"。

　　当你高兴的时候，请问你的这个"知道"是否高兴？当你愤怒的时候，请问你的这个"知道"是否愤怒？当你疼痛的时候，请问你的这个"知道"是否疼痛？当你烦恼的时候，请问你的这个"知道"是否烦恼？

　　你的身体、意识层面也许有高兴、愤怒、疼痛、烦恼，但是那个"知道"并无高兴、愤怒、疼痛、烦恼。如同天上的白云飘来飘去，但是天空一直如如不动，那个如如不动的天空才是你的"真己"，那飘来飘去的白云并不是真正的你。

　　当你和伴侣吵架时，你看到对方正在指责你，你的无名火"噌噌噌"地上升，各种抱怨、愤怒的念头此起彼伏，你开始控制不住自己。其实，在这片"火场"背后有一个如如不动的观察者，它没有愤怒和怨恨。如果你立即回到那个观察者的位置，深深地凝视这片"火场"，你很快便会重新获得宁静。即使外部世界天翻地覆，你依然心如止水。

　　什么是道？道没有那么复杂。"无善无恶心之体""知善知恶是良知"，这心体就是道，良知就是道，道就是真己。

　　"为善去恶是格物"，如何格物呢？如何回到真实的自己呢？用心体不断"凝视""意之动"，用良知持续"观"妄念执着即可。当你凝视的时候，当你去观的时候，这些"意之动"慢慢地就消失了，妄念执着慢慢地就消解了。

　　佛陀"睹明星而悟道"，明星其实就是人心。人心就像明星一样一直照耀着大地，任天地风云变幻、沧海桑田，明星一直如如不动，还是在那里。这就是人心，这就是道，如同阳明先生在诗中所描述的："吾心自有光明月，千古团圆永无缺。"

人皆有七情六欲，今天晴空万里、感觉良好，明天或许就阴云密布、悲痛欲绝；这一刻还无所事事、闲庭信步，下一刻或许就心急如焚、手足无措；刚刚还心平气和、自鸣得意，或许瞬间便义愤填膺、怒火中烧，人就是这么善变。

但人心不是，人心一直在背后如如不动地凝视着这些变化。它没有七情六欲，与万物同体，和天地同寿。

佛陀悟道的时候，认出了真实的自己。他大彻大悟，不再受情绪和起心动念的困扰，再也没有掉入幻影当中。

我们平常会有各种各样的念头。当一个念头出现的时候，我们能够感知到，我们将此念头称为"有"。在念头与念头之间，会有一个空隙，我们将此称为"无"。我们会花大部分精力关注"有"，却看不到"无"，甚至认为"无"毫无意义，并不关心"无"。其实"无"才是真己。

《道德经》首章提到："无，名天地之始；有，名万物之母。""无"就是心体，就是道之本体；"有"就是各种起心动念、妄想执着、邪思杂念。道生一，一生二，二生三，三生万物，有了"无"，然后才无中生有，才有了万物。因此，"无"才是人的真实面貌。我们往往习惯了从"有"的角度去看"无"，甚至只知道"有"，而不知道"无"。我们不应该关注起心动念，而是要关注起心动念的背后是什么。我们不是去看那个"有"，而是去看那个"无"。

无论我们遇到什么事，起了何种念头，都应该赶紧回到"无"的位置上去观察"有"，观生灭的现象世界，然后才有所谓如如不动，才有不动心，才有"随心所欲而不逾矩"，才有物来则照、物去不留。

在第一章中，我们提到个人发展的关键在于"道"，一个人活在这个世界上一定要有道，要见道。

道在哪里呢？道就在我们身上，我们就是道。

我们如何体验到道呢？我们应该去体验自己的知觉，体验自己的念头与念头之间的"无"，回到那个"无"的位置上。

当人欲、邪思妄念出现时，我们该如何用道呢？回到即可，回到道的位置上即可。

我们如何回到道的位置上呢？即上文提到的"知道有念"，知道有个念头。

我们在具体应用的时候，可以采取"描述法"，即描述当下遇到的情境。比如当一个念头出现的时候，我们告诉自己某个念头出现了，描述当下的体验：

怠心生，我们告诉自己怠心生了，"有个念头""有个怠心"，慢慢地怠心就被克服了；

忽心生，告诉自己忽心生了，"有个念头""有个忽心"，慢慢地忽心就被克服了；

躁心生，告诉自己躁心生了，"有个念头""有个躁心"，慢慢地躁心就被克服了；

妒心生，告诉自己妒心生了，"有个念头""有个妒心"，慢慢地妒心就被克服了；

忿心生，告诉自己忿心生了，"有个念头""有个忿心"，慢慢地忿心就被克服了；

贪心生，告诉自己贪心生了，"有个念头""有个贪心"，慢慢地贪心就被克服了；

傲心生，告诉自己傲心生了，"有个念头""有个傲心"，慢慢地傲心就被克服了；

吝心生，告诉自己吝心生了，"有个念头""有个吝心"，慢慢地吝心就被克服了。

因此，描述法的核心就是践行"有个念头"这句话，然后确认具体的念头，比如"有个怠心"或者"有个傲心"。

利欲生，我们告诉自己有利欲出现了，"有个念头""有个贪利之念"，赶紧回到这个"知道"的位置，守住这个位置，利欲慢慢地便会消退。

惰欲生，我们告诉自己有惰欲出现了，"有个念头""有个惰念"，赶紧回到这个"无"的位置，守住这个位置，惰欲慢慢地便会消退。

色欲生，我们告诉自己有色欲出现了，"有个念头""有个色念"，赶紧回到这个"道"的位置，守住这个位置，色欲慢慢地便会消退。

怨欲生，我们告诉自己有怨欲出现了，"有个念头""有个怨念"，赶紧回到这个"心"的位置，守住这个位置，怨欲慢慢地便会消退。

这就是"求其放心而已矣"。

第三节 "观"到最后自然"照"：吾性自足

我们曾经将人心看作探照灯，也可以把它看作雷达，时刻检查雷达是否处于工作状态。当问题出现时，往往是雷达缺位的时候。

"必有事焉"，每天都必做一件事，这件事就是去努力地击穿人欲。而击穿人欲的方法，就是不管有事无事，时刻保持觉察心，保持扫描雷达时时运转，这就是"必有事焉"。

不管你走到哪里，不管你在做什么，你都要记得"必有事焉"，去检查雷达是否开启，是否处于正常的工作状态。

不管你的精力状况如何，你都要提醒自己"必有事焉"，不能让雷达缺位，雷达一旦缺位，邪思杂念就会在不知不觉当中死灰复燃、卷土重来。

我们可以想象自己身上有一个雷达，它一旦开启，我们的邪思妄念瞬间消失不见。当我们每次打开雷达时，雷达都会发出一个"嘀嗒"声。

当我们听到"嘀嗒"声时，意味着有以下几种提醒：

第一，心即是道，我即是道。我要走正道，不走歪门邪道；我有道护身，牛鬼蛇神难近我身。

第二,我即是道,邪思妄念不是我。我可以观照邪思妄念的萌发与消退,但我不是它们,我回到自己的正位就好。

第三,提醒自己"有个念头""我知道了""我看见了",知道就好,看见就好。

第四,我们要常常回到雷达处,回到本心,回到道本身,如如不动。

《心经》上有一段话:"观自在菩萨,行深般若波罗蜜多时,照见五蕴皆空。"

此处揭示了为善去恶、击穿人欲的两种功夫:第一种功夫是"观",第二种功夫是"照"。"照"是长期"观"的结果,是"观"发展到一定阶段自然出现的产物,是可遇而不可求的。因此,根据"观""照"两种功夫,我们可以将击穿人欲分为循序渐进的 3 个阶段。

第一阶段:观念法

第一阶段我们要做的是觉察、管理自己的念头,明白念头是行为和结果的源头,知道自己有哪些邪思妄念,有哪些人欲。

我们以阳明先生提到的"八颗心"为基础,对自己的念头省察克治,让自己从"事上努力"的旧模式慢慢转到"心上努力"的新模式。

因此,第一阶段的实践方法是"观念法",即格物的 3 个步骤:观念、克念、守念,这在前文"格物第二"部分笔者已经进行了详细的阐述。

第二阶段：分击法

即"饱和攻击""单点击穿"，我们在一段时间内主攻一个人欲，集中优势兵力分而击之，最终实现击破，因此我们将其称为"分击法"。

我们可以仿效富兰克林的"十三美德"法，给自己制定一份需要攻克的人欲清单，每周或者每个月只选取其中一个人欲进行反复克治，每天在笔记本上记录克治的情况，并不断总结作战经验，以更好地前行。

第三阶段：观照法

此阶段的关键是从念头回到觉知的本体上，也就是回到"无善无恶心之体"的心之本体上。我们应以这心体做灯，去观照起起伏伏、来来去去的各种念头，不怕念起，只怕觉迟，将心体这个主体与念头这个客体分开来看，保持心体的如如不动，这就是"观照法"。

观照法的关键其实不在于观照，而在于观照背后的主体——观照者。

阳明先生说："圣人之心，纤翳自无所容，自不消磨刮。若常人之心，如斑垢驳杂之镜，须痛加刮磨一番，尽去其驳蚀，然后纤尘即见，才拂便去，亦自不消费力。到此已是识得仁体矣。"常人的心镜已经被灰尘、污垢所遮蔽，必须去掉这些遮挡，才能足够明亮。

王阳明又说："圣人之心如明镜，只是一个明，则随感而应，无物不照。"

正如阳明先生的弟子徐爱所言："心犹镜也。圣人心如明镜，常人心如昏镜。近世格物之说，如以镜照物，照上用功，不知镜尚昏在，何能照？先生之格物，如磨镜而使之明，磨上用功，明了后亦未尝废照。"

因此，我们一定要先"磨镜而使之明"，在"磨上用功"，然后方可有物则照。当磨到最后，我们会发现其无物不照，因为此时的"镜子"已经今非昔比。

一次又一次地用探照灯"观"实是在去掉"心境"上的污垢（恶念），最终心境明亮，无物不照。

"目标即手段"，我们要达成的目标，也是我们要采取的手段，目标和手段合一。如同实现和平的方法就是致力于和平，启用良知的方法就是达至良知，达至良知以后，自然能够取用良知。

在"观照法"当中包含了三个连续的动作：暂停、分离、回观。

我们一旦发现人欲，发现邪思妄念，第一步要做的就是暂停；第二步，我们应从妄念中分离出来，回到心的本位；最后一步就是回观，回头观照妄念。

虽然这里分成了 3 个动作，但实际上这 3 个动作是一气呵成的，这就是知行合一，"知"的同时就"行"了，"行"的当下就已"知"。

其中，分离的关键在于化解感受。很多时候，念头并非简简单单的某个念头，念头和感受是一同出现的，念头当中有感受，感受当中又有念头。感受就像胶水，把我们和念头粘在一起，如果我们不能很好地处理和化解感受，那么就不容易从念头中分离出来。

化解感受的关键在于剥离认同感。比如当我们愤怒的时候，我们一定是对某个对象产生了认同或者认为某件事"忍无可忍"。

当认同产生的时候，我们的身体会有相应的反应，比如胸口压抑、大脑缺氧或者全身颤抖等。这时我们不要去抗击它或者强行离开它，而是观省，回到自己的感受当中，接纳自己的感受，感受自己的感受。与当下的身体觉知相处一段时间，慢慢地这个感受就会被化解。

观省就好像稀释剂，让胶水的黏性下降，从而让我们和自己的念头分离。

观省的方法，笔者后续还会进一步地论述。

当感受被化解之后，我们不再对某个念头产生认同，那么就很容易从念头当中分离出来，从而顺利地回到心的本位，回观返照。

以上 3 个阶段，我们应该一步一步地着力用功，循序渐进，方有进步可言。如果我们好高骛远，不愿意切实地用观念法和分击法，而只想着观照，就有可能"着空"。正如阳明先生所言："人心自有知识以来，已为习俗所染，今不教他在良知上实用为善去恶功夫，只去悬空想个本体，一切事为，俱不着实。此病痛不是小小，不可不早说破。"因此，这里也提醒大家在开始时打好基础，然后层层递进，才能登堂入室，感受到进一寸有一寸的欢喜。

05

第五章
"五个务必"：
用培根固本学习法开启系统化努力

如果我们想要修身，是不是整天格物、省察克治就可以了呢？肯定不是！它需要一套系统化的方法。

第一，我们务必立志，立志不是一时之事，而是每时每刻之事。第二，我们务必服务客户，客户就是你的土壤、阳光、雨露。第三，我们务必读书，读原文，才能悟原理。第四，我们务必观省，先稀释情绪感受的胶水，再去寻找根因，探索解决方案。第五，我们务必做日课，日日不断，日拱一卒，功不唐捐，以此安顿好自己的每一天。这"五个务必"实际上就是启用良知、获得心法的培根固本学习法。

第一节 务必立志

阳明先生说："志不立，天下无可成之事。"很多人忙忙碌碌却没有多少收获，主要在于没有立志。

很多人认为立志是人小时候应该做的事，是小孩子的事，是一时之事，殊不知立志是每个人的事，是每时每刻之事，是终身之事。正如阳明先生所说："终身问学之功，只是立得志而已。"

志是人生的指南针，也是个体发展的分水岭；志是我们行动的总指挥，也是每个人持续精进的动力源。

那么我们如何来立志呢？可以从以下三个层次入手。

1. 立志的层次之一：志于功名

志于功名即立一个具体的事业之志。

立志一定要在事上练，事上练最好的方法就是立一个事业之志。

我们如何建立事业之志呢？实际上我们需要从一个社会问题入手。

我们可以参考下面这张来源于华与华公司的战略模型图（见图5-1），这里笔者将图稍微调整了一下，用在个人战略的制定上面。

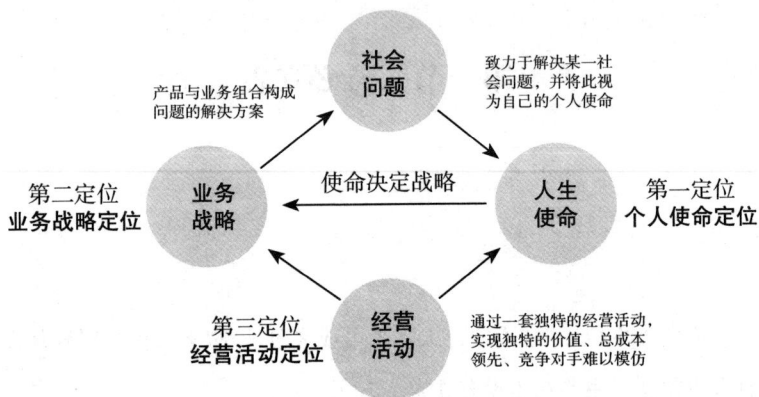

图 5-1　个人战略菱形模型

下面简单地举例说明，帮助大家充分地理解这个模型。

例子1：

某品牌老人鞋解决的是老人穿鞋的问题。很多老人足部变形，穿鞋很痛苦，足力健的创始人发现了这个问题，并把解决这个问题作为自己的使命：让每一位老人都穿上专业的老人鞋。

使命决定战略，有了这个使命，该品牌创始人的业务战略就是生产制造专业的老人鞋。同时，围绕这个使命和战略，他还制定了一套独特的经营活动：比如价格便宜，让竞争对手难以复制；比如收集老人脚形大数据；比如压倒性地进行广告投入；比如建立线下自营门店终端。这一套组合拳保证了该品牌在市场上的领先地位。

例子 2：

孔子的志是拯救国家和百姓，因为当时的社会礼崩乐坏，老百姓处于水深火热当中。孔子有了自己的志向，就是"老者安之，朋友信之，少者怀之"。

那么孔子的业务战略是什么呢？是推广仁政思想，主张以仁治国，试图用自己的思想道德教化天下。他开展了独特的经营活动：一是周游列国，试图寻找一块试验田、一块特区，不过最终没有找到；二是传道，办私学，带徒弟，先影响一部分人；三是祖述尧舜，宪章文武，把古人做得好的地方总结出来；四是删述六经，以正视听。

因此，我们如何立一个事业之志呢？

我们应该从一个社会问题入手，从而找到自己的志，然后决定自己的战略，提供解决方案，并设计一套独特的经营活动。

此处有一个关键点，就是关于社会问题，你是否能够感同身受，即你心里痛不痛？如果你心里不痛，就会隔靴搔痒，抓不住重点，甚至会萌发一种虚假的情感，导致你始终浮于表面，无法和客户建立深度的关系。

比如你立志解决乡村教育问题，但是你对这些问题未感到痛，你自己没有类似的经历与苦痛，就很难感同身受，你的力量就无法被激发出来，你的行为甚至有可能只是一种自我标榜。你就很难拥有像张桂梅那样的惊世的力量，难以坚持下来，或许走着走着就换跑道了。

别人问张桂梅，她为孩子们付出了什么。她说付出的是生命。"只要学生们能走出大山，飞得远一点儿，这就是我的梦想。""办这个女高，我可以把命搭上！"

大家可以感受一下这种惊人的力量。

　　笔者特别提醒大家，同情并不是感同身受。同情暗含一种俯视，它导致我们与服务对象是分开的，我们是游离在外的。这不是真正的服务，真正的服务是悲悯。"地狱不空，誓不成佛。"

　　因此，你的痛是什么？你过去因为什么一直很痛？你的过去都是礼物，为你走向一个崭新的未来埋下了伏笔。

2. 立志的层次之二：志于道德

　　立志首先是在道德上立，即做一个有道德的人。志于道德简单地讲，就是做一个好人，做一个有良知的人。

　　那么怎样才算是一个好人呢？好人长什么样子呢？很简单，就是像孔子那样的圣人。

　　因此，所谓立志，就是立必为圣人之志。

　　那么如何做圣人呢？

　　阳明先生说："圣人之所以为圣人，惟以其心之纯乎天理而无人欲，则我之欲为圣人，亦惟在于此心之纯乎天理而无人欲耳。"圣人之所以是圣人，无非就是因为他的心里面只有天理而没有人欲罢了。

　　普通人立志做圣人，首先要有一颗圣心、一颗纯粹之心。提高自己修养的功夫就在于，在自己的内心"去人欲、存天理"，把一切私欲从内心去除，让自己的行为符合道德的标准和要求。

　　这里的"私欲"不包括像吃饭、睡觉这样的人的本能，这些不属于人欲而属于天理，因为这是人的本能，而且符合社会道德规范。

也可以说，合理的需求就是天理，不合理的需求就是人欲。圣人只不过是心里都是合理的需求，没有那些奇奇怪怪的需求而已。

所谓立志，就是要立志像圣人那样，内心全是天理，而没有人欲罢了。

但这件事有没有那么简单呢？没有那么简单，这是最不容易的，需要日日不断地修炼。

3. 立志的层次之三：志于心安

前面提到立志其中的一个层次——立必为圣人之志，简单地讲，就是做一个大好人。做一个好人的结果是什么呢？心安。

只要是让你感到心安的事，你就可以去做。人的"出厂设置"即做好事就心安，做坏事就无法心安。我们立志做一个好人，就是要回到这种最初的状态。

另外，前文谈到的志于功名，也就是立事业之志，其对象是指向他人的，即立志为他人服务，也就是《大学》所载："大学之道，在明明德，在亲民，在止于至善。"亲民就是为更多人提供服务，即所谓"为人民服务"。

如果你立必为圣贤之志，却不愿意亲民，不愿意为他人服务，立志便是空谈，难道你一个人在深山老林里当圣贤吗？

立志就是要立念念为他人服务之志，也就是所谓服务他人、利他、助人、亲民、爱民、以客户为中心，而不是为了成全自己，以自己为中心。此处的关键在于当真，我们应把为他人服务这件事当真，真实地去做，去践行。每做一件事，都存着为他人的心，这就是念念存天理，就是立志。

有人问阳明先生怎么立志，他说，"只念念要存天理，即是立志。能不忘乎此，久则自然心中凝聚。犹道家所谓'结圣胎'也"。你念念存天理，念念为他人，那么时间长了，你的心中自然就会起变化，如同道家所讲的"结圣胎"。天长日久，你就会拥有圆满的人生。

你要得到圆满人生的前提是不求，否则又会陷入另一种追求中。因此你为他人服务可以，但是求为他人服务所带来的那些好处，那么结果就又是恶了。

也许你会问，倘若自身没有那么高的境界，怎么办呢？

其实很简单。想一想，你真的喜欢现在所做的为他人服务的事情吗？如果你不喜欢，就不要做，去做自己喜欢的事。

比如为山区支教，你无怨无悔吗？你喜欢吗？喜欢就去做，不喜欢就换一种为他人服务的方式，比如在酒吧里为顾客唱歌。别因为一些冠冕堂皇的理由把自己困住了。比如扫除，你真的喜欢吗？如果你纯粹地喜欢，不求回报，那就去做。

这样你就会心安。心安，就是做你喜欢做的事。

所以，立志就是找到可以为他人服务并且你自己也喜欢的事，然后一以贯之，直到心安。

第二节 务必服务客户

心学不是独善其身之学，而是建功立业之学。

我们应去哪里建功立业呢？肯定要到客户中，在服务客户的过程中建功立业。我们只有利于他人，利于客户，利于社会，才算是建功立业。

"学而时习之，不亦说乎？"这里的"习"，是指练习，一边学一边练，慢慢地自得于心，才会有所谓快乐。在哪里练习呢？当然是在为客户服务的过程中练习，只有将学到的一点儿东西放到事上去练，我们才知道自己是否真的掌握了。

虽然人常说要立志成为圣贤，或者成就一番事业，但是人难免有习气，容易"因循退缩"。

当你持续地去服务客户的时候，因为受到客户的"裹挟"，你会不断地提高对自己的要求，不断地改正自己的缺点，不断地提高知行合一的程度，不断地改造自己、重塑自己。因为假如你言行不一，你的良知又如何能够安宁？你的状态、能量、正气又如何能够体现出来？

因此，在客户的砥砺下，在服务客户的过程中，人得以不断地洗刷自己，不断地开始真正"为己"，然后方能克己、成己。正如阳明先生所言："人须有为己之心，方能克己。能克己，方能成己。"

第三节 务必读书，读原文

我们只有保持与经典的连接，让经典中的真知灼见渐渐地刻印在我们的头脑中，在面对不可预知的事情时，才能够以经典来指引自己做出正确的判断与选择。

有一个词叫作"熟玩"。在《了凡四训》中，了凡先生告诫自己的孩子："云谷禅师所授立命之说，乃至精至邃，至真至正之理，其熟玩而勉行之，毋自旷也。"

什么叫"熟玩而勉行之"？就是把这些道理彻底弄明白了。那么如何彻底弄明白呢？方法就是一个字一个字地读，一个字一个字地践行。

我们在研读阳明心学的时候也要如此，读一句，践行一句，不可想当然、囫囵吞枣，万不可"好像都明白了""差不多都懂了"，还要仔细地体会、好好玩味，认真地践行。

读书最好要朗读，不仅用眼睛读，也用嘴巴去读，甚至要用心去读，正所谓眼到、口到、耳到、心到。因为读书不仅是一种头脑的理解，更是一种身心的觉知，是让身心记住所读的内容。

我们用头脑读书的话，如雁过无痕，只会让我们变得好像懂得很多，能言善辩而已；而用身心去读书，书中精要会成为我们内在的一部分，永远跟随着我们，指导着我们。

朱熹对诵读也有许多独到的见解。他说："凡读书，须要读得字字响亮，不可误一字，不可少一字，不可多一字，不可倒一字，不可牵强暗记。只是要多诵遍数，自然上口，久远不忘。"他又指出，"读而未晓则思，思而未晓则读"。

对于很多经典，我们看一眼并不会有感觉，需要不断地诵读甚至背诵，才能"书读百遍，其义自见"。也就是说，经典的书中义、句中义、字中义、义中义不是一眼就能看见的，而是隐藏在文字之后，需要我们勤加诵读，才能慢慢地融入到身体里，然后被心所了悟。

第四节　务必观省

　　笔者在前文提到了观省，观省包括两个动作：观、省。观是指观照，省是指反省。

　　当我们遇到事情的时候，尤其是在产生情绪时，我们需要做观照和反省两个动作。观照的目的是处理情绪，情绪处理好了，再去反省、反思，处理事情。

　　每天发生的事情背后总会有情绪、感受，只是有的情绪、感受良好，有的则相反；有的情绪、感受很强烈，有的则比较平淡而已。

　　我们发现一个规律，就是事件背后总会带着一些情绪和感受。

　　事件（情节）—情绪、感受，事件（情节）—情绪、感受，事件（情节）—情绪、感受，事件（情节）—情绪、感受……这就是人的基本设置，事件发生，紧接着我们就会产生一些情绪、感受。所以，我们的任务首先就是去处理这些情绪、感受。

　　我们怎么处理情绪、感受呢？其方法就是观。

　　当情绪、感受萌发的时候，我们应该深入其中，去观察、体验、感受这种情绪、感受，同时与自己的身体反应在一起，不思考，不分析，不判断，只是简单地观，然后释放这些情绪、感受。

在这之后，如果我们还有时间的话，可以去反省，去追本溯源，并探索问题的解决方案。

这就是我们每天最基本的功课，非常简单。但是最大的问题在哪里呢？当情绪、感受萌发之时，我们常忘记观省，或者不想去观省，这就是最大的问题。一个方法再好，如果我们忘记践行或者不想去践行，也体会不到方法的益处。

第五节　务必做日课

所谓日课，就是日日不断的功课。

曾国藩 31 岁那年给自己定下了一套日课，一共 12 条：敬、静坐、早起、读书不二、读史、谨言、养气、保身、日知所亡、月无忘所能、作字、夜不出门。这套日课，普通人坚持一天、一周、一个月就已经很不容易了，他坚持了半生！

我们一定要有自己的日课，日日不断地去做。日拱一卒，功不唐捐，以此安顿好自己的每一天。

日日不断是指整体上"日课"的日日不断，不是日课里面的每一条都日日不断。当然，对于日课里的部分条目，你需要日日不断。

每天晚上，你要对照自己的日课，给自己打分，比如每做到一条可以给自己打 1 分，做到 5 条，就给自己打 5 分。这相当于你每天都在给自己加分，一段时间以后，你就会有一种德行与日俱增的感觉。

日课的内容也很重要，要兼顾各方面的发展，既要有"早起"这样有形的行为，也要有"敬"这样内心的活动；既要有"读书"这样增加智力的动作，也要有"养气""保身"这样增加心力的动作。这样就构成了一个完整的日课系统，我们如此坚持一两年，必然"变换气质"。

06

第六章
王阳明的关键词：
让你应变无穷的心法口诀

何谓立志？何谓格物？何谓"心即理"？何谓"事上练"？何谓"知行合一"？何谓"致良知"？我们要回到心学原始文本，看王阳明本人是怎么说的。深刻地理解王阳明的关键词，我们才能深刻地理解阳明心学，掌握遇事当机立断、行事势如破竹的心法口诀，同时才能对 3.0 操作系统更加深悟笃行。

第一节 立 志

　　故立志而圣，则圣矣；立志而贤，则贤矣。志不立，如无舵之舟，无衔之马，漂荡奔逸，终亦何所底乎？昔人有言，使为善而父母怒之，兄弟怨之，宗族乡党贱恶之，如此而不为善可也；为善则父母爱之，兄弟悦之，宗族乡党敬信之，何苦而不为善为君子？使为恶而父母爱之，兄弟悦之，宗族乡党敬信之，如此而为恶可也；为恶则父母怒之，兄弟怨之，宗族乡党贱恶之，何苦而必为恶为小人？诸生念此，亦可以知所立志矣。

——《教条示龙场诸生》

　　在《教条示龙场诸生》中，阳明先生提出了4条学规，即"立志、勤学、改过、责善"，并且开门见山地强调了"志不立，则天下无可成之事"，然后说"立志而圣，则圣矣；立志而贤，则贤矣"，要做圣贤便做得圣贤，鼓励大家努力地向圣贤看齐。

　　然后他话锋一转，提出，假如你要做好事，但是家人、乡亲不答应，你可以不做；假如你要做恶事，但是家人、乡亲都答应，你就可以去做。假如你做好事，家人、乡亲都高兴；假如你做恶事，家人、乡亲都不高兴，那你何必不做一个好人，而非要做一个恶人呢？

阳明先生最后论断，你们如果考虑到这些，就知道什么是立志，要立什么志了。

因此，阳明先生认为所谓立志，是指立必为圣贤之志，这是第一层内涵。但是立必为圣贤之志从哪里开始呢？就是从做一个好人开始。因此，先立志做一个好人，然后才能走到必为圣贤的道路上来。

做一个好人是起脚处，是出发的地方，如果你只是盯着远方的圣贤，无法从起点开始修行，就会有好高骛远的嫌疑。

想要做一个好人，你就要在平时努力地为善去恶，只要你为善去恶，家里人就会高兴，身边的人就会高兴，乡里乡亲就会高兴。哪有你去做恶事，家里人还高兴的呢？这不符合常理。哪有你去做恶人，为祸一方，乡里乡亲还高兴的呢？这不符合常理。

因此，先立一个必为好人之志，然后走到必为圣贤的道路上去，在每天的日常言行当中随时随地为善去恶，你才能慢慢盈科而进，苟日新，日日新。

很多人读到这里可能有疑问：做一个好人，这不是最简单不过的事情吗？我也没干什么坏事，老老实实、本本分分地做事，已经是一个好人了，做好人还用努力地立志去达成吗？

其实这是一种极大的误解。每个人都会想当然地把自己代入好人，把别人看成恶人，这是很多人无法取得进步的一个很重要的原因。比如读《论语》，人们会自动把自己代入君子，而把别人看成小人，这就相当于把自己进步的阶梯给封死了，想当然地认为自己已经很不错了。

仔细地想一想，我们只有时时"戒慎恐惧"，时时把自己代入到小人的位置上，时时对照检视，看自己在哪些地方做得不足，看自己在哪些地方有小人之作为，看自己与君子的差距在哪里，才会有进步可言。

什么是好人？什么是恶人？一念好就是好人，一念坏就是坏人；一念善就是善人，一念恶就是恶人。

因此，做一个好人也是需要立志去做到的。孔子说："中庸，不可能也。"要做到中庸是不可能的，这是一个可以无限靠近，但永远无法达成的目标。对于做一个好人来说也是类似的，可以无限靠近，但很难完全达成。

那是不是意味着我们就不要做一个好人了呢？肯定不是。就像曾国藩所讲的，"不为圣贤，便为禽兽"，不力争去做圣贤，就会时时有滑入禽兽境地的可能。

作为父母，肯定希望自己的孩子做好事、做好人，这样我们才会心安，才不会担心孩子；作为自己，我们的内心肯定希望自己做一个好人，努力地去做好事，这样自己才会心安，才不会让父母担心。

如果做了恶事，做了一个恶人，哪会有心安可言呢？不要说别人不答应，你的心首先就不会答应。那些杀人放火却在很长时间里逍遥法外的人，有几个人最后会真的心安呢？他们会天天受尽良知的折磨，这就是"天网恢恢，疏而不失"。

因此，做好人，做好事，就是人的"出厂设置"。违背了这个基本原理，人就会不安。

立志首先就是立一个必为好人之志，进而慢慢立一个必为圣贤之志。

> 只念念要存天理，即是立志。能不忘乎此，久则自然心中凝聚，犹道家所谓"结圣胎"也。此天理之念常存，驯至于美大圣神，亦只从此一念存养扩充去耳。

——《传习录》

笔者在前文提到，立必为圣贤之志是阳明先生"立志"的第一层内涵，其起脚处就是立必为好人之志。什么是好人？什么是圣人？念念存天理，即为好人，即为圣人，因此，所谓立志就是立一个念念要存天理的志。

正如阳明先生在《示弟立志说》中所提到的：人如果真的要立必为圣人之志的话，一定会去寻找圣人为圣人的关键所在。难道不是其心全是天理而没有任何私欲夹杂其中吗？那么圣人是圣人，只在其心全是天理而无人欲，那么我要立志做圣人，也要让自己的心全是天理而无人欲才行。而要想让自己的心是天理而无人欲，就必须努力地存天理、去人欲。

这就是"只念念要存天理，即是立志"。

"只念念要存天理"会慢慢带来一个有趣的结果，或者说是一个副产品，就是立志之人身心上的变化，如道家所讲的"结圣胎"。立志是开启内在智慧、变化气质的切入口。你慢慢地把志立住的过程，就是自己的身心发生变化的过程，这就是所谓改变。因此，改变不是知道了很多知识，而是身心上的变化，或者正如笔者在拙著《复盘》

当中所提到的："改变，是生命力的溢出。"

　　故凡一毫私欲之萌，只责此志不立，即私欲便退；听一毫客气之动，只责此志不立，即客气便消除。或怠心生，责此志，即不怠；忽心生，责此志，即不忽；躁心生，责此志，即不躁；妒心生，责此志，即不妒；忿心生，责此志，即不忿；贪心生，责此志，即不贪；傲心生，责此志，即不傲；吝心生，责此志，即不吝。盖无一息而非立志责志之时，无一事而非立志责志之地。故责志之功，其于去人欲，有如烈火之燎毛，太阳一出，而魍魉潜消也。

——《示弟立志说》

如果我们想要修身，就必须随时随地以立志为根本，随时随地"只念念要存天理"。只要有一毫私欲萌发，有一点儿不好的习气出现，我们就责这个志不立，然后私欲就会消退，不好的习气就会被化解了。生了懈怠的心、轻忽的心、狂躁的心、忌妒的心、愤恨的心、贪求的心、轻傲的心、吝啬的心，我们只要立马去责这个志，这些心就会很快被消除。因此，我们随时随地都要立志、责志。

由此可见，志是在一次次战胜私欲的过程中立住的，志是拿来用的，是拿来责的。一天24个小时当中，我们随时随地都要"如猫捕鼠，如鸡覆卵"，随时随地都要高度警惕，高度觉察，如此才能把志立住，才能做到时时存天理、去人欲，一有私欲，便责志用功，私欲便会消退。

已立志为君子，自当从事于学。凡学之不勤，必其志之尚未笃也。

——《教条示龙场诸生》

你既然已经立了必为圣贤、必为君子、必为好人之志，却不去努力地存天理、去人欲，那只有一个原因，就是你的志还没立住，你的志还不真。就像曾国藩所讲的，既然已经决定了要发奋读书，"何必择地，何必择时，但自问立志之真不真耳"。

这里的"学"不是指学知识，而是指修身，或者说是"觉"，觉悟，唤醒内在的良知。有时人自己懒散懈怠，甚至常常破罐子破摔，过一天是一天，不是外在环境使然，其根本原因在于自己的志并不纯粹笃定，这个志还未立住。

因此，你很可能是在自欺欺人，很可能是在装点门面，你立的也许不是一个志，而是一个所谓"人设"，只是为了表演，为了显示自己与众不同罢了。

所以，当发觉自己不能勤奋用功的时候，你要做的不是去找一只"替罪羊"，把错误归咎于外在的干扰，而是要回到自己的志，继续立志、责志，让自己"此志常立，神气精明，义理昭著"，这才是釜底抽薪的办法。

诸公在此，务要立个必为圣人之心，时时刻刻须是"一棒一条痕，一掴一掌血"，方能听吾说话，句句得力。若茫茫荡荡度日，譬如一块死肉，打也不知得痛痒，恐终不济事。回家只寻得旧时伎俩而已，岂不惜哉？

——《传习录》

一棒子打下去，就打出一条深深的印痕；一巴掌扇过去，就扇得满手是血。对待自己，是时时刻刻高度戒惧，不容自己有半刻昏沉；对待私欲，是拼尽全力，毫不留情，斩钉截铁，不容自己有丝毫因循。对待自己、对待私欲要做到这个程度，才是真正的用功。这才是"只念念要存天理"，这才是立必为圣人之志。如果你对什么都无所谓，对自己没要求，死猪不怕开水烫，那就是朽木不可雕，最终只会自甘堕落、自寻死路。

因此，立志不是一件容易的事，要求我们必须有洗心革面、重新做人的勇气和态度，迎难而上，自我加压，才能一步一步地前进。就像《了凡四训》中所提到的：从前种种，譬如昨日死；从后种种，譬如今日生。

凡事都在一念之间，一念天堂，一念地狱。在这一念之间，我们必须守得住，是善念就要实实在在地去为善，是恶念就要老老实实地去除恶。我们万不可无所谓，不觉得善念是善念，不认为恶念是恶念，不可存有一丝一毫的侥幸和懈怠。

只有每一次都毫不犹豫，每一次都无比坚决，每一次都寸步不让，每一次都予以痛击，才能念念为善，才能直捣黄龙，最终把自己的志立住。

> 立志用功，如种树然。方其根芽，犹未有干；及其有干，尚未有枝；枝而后叶，叶而后花实。初种根时，只管栽培灌溉，勿作枝想，勿作叶想，勿作花想，勿作实想。悬想何益？但不忘栽培之功，怕没有枝叶花实？
>
> ——《传习录》

立志就像种树，志就像那个根，树有根则生，无根则死。如果你种树没有把根培好，只是坐在那里凭空去想枝叶花果，那也只能是痴心妄想。树有了根，慢慢地就会长出树干；有了树干，慢慢地会长出树枝；有了树枝，慢慢地会长出树叶；有了树叶，慢慢地会长出花朵；有了花朵，慢慢地会结出果实。这都是一步一步发展而来的，不可能连树干都没长出来，就凭空长出了花果，这不符合自然规律。你只管把树根培育好，到了一定的阶段，自然就会有枝叶花果，这不是你急就急得来的。

因此，关键在哪里？还是在根。没有根，就没有后面的一切。把志立住，你就相当于先有了这个根，有了这个根，好好栽培灌溉，慢慢地就会更进一步，自然就会有收获。

曾国藩说："莫问收获，但问耕耘。"你有了树根，好好去培育它，自然就会有枝叶花果，自然就会有收获，不用你去挂念。如果你天天操心自己何时才能成功，患得患失，那才是多此一举。

第二节　格　物

故致知必在于格物。物者，事也，凡意之所发必有其事，意所在之事谓之物。格者，正也，正其不正以归于正之谓也。正其不正者，去恶之谓也。归于正者，为善之谓也。夫是之谓格。

——《〈大学〉问》

格，就是"正"，使不正的正起来。物，就是"事"，比如吃饭是一件事，扫地也是一件事。

格物就是正念头，令不正的念头正起来。比如吃饭就是吃饭，不好好吃饭，非要吃另外的东西，或者无肉不欢，或者一定要去五星级酒店吃，或者总是吃得太多，吃出各种问题，这也许就是很多不正的念头，所谓格物，就是使这些关于吃饭的不正的念头正起来，"饥来吃饭倦来眠，只此修行玄更玄"。

使不正的念头正起来，就是为善；去掉不正的念头，就是去恶。所以，"为善去恶是格物"。你明明知道这是不正的念头，却并不去正，这就不能叫格物。你明明知道这是不正的念头，并且也去正了，最后却没有正过来，依然回到了原来的老路上，这虽然属于格物，但不能说是格掉了，这个不正的念头还是没有被格除。

因此，格物既是一个过程，也是一个结果，而且结果比过程更为重要。也就是说，如果始终格不掉恶念，就不能说你是在格物。

正如阳明先生所说：

> 良知所知之善，虽诚欲好之矣，苟不即其意之所在之物而实有以为之，则是物有未格，而好之之意犹为未诚也。良知所知之恶，虽诚欲恶之矣，苟不即其意之所在之物而实有以去之，则是物有未格，而恶之之意犹为未诚也。

由此我们就知道，之所以很多时候我们无法做到为善去恶，还是因为不诚，想要的心不真切。如果你的心非常真切，那么一定可以为善去恶。阳明先生为此举了一个例子："所谓困忘之病，亦只是志欠真切。今好色之人，未尝病于困忘，只是一真切耳。"为什么好色的人不会困忘呢？因为好色这个欲望非常真切，让他无法轻易忘怀，一旦遇到美色，就会春心荡漾，立马"知行合一"了。

人之所以无法格物，很多时候不是因为这个物非常难格，而是因为想要格正的那颗心不够诚、不够真切，所以就会轻易放过自己，然后给自己找各种借口，自欺欺人。人若想让格物的心足够真切，还是要回到立志上，去看自己的圣人之志是否真切，看自己是不是真的有"不为圣贤，便为禽兽"的决心。

> 先生曰："先儒解'格物'为'格天下之物'，天下之物如何格

得？且谓'一草一木亦皆有理'，今如何去格？纵格得草木来，如何反来诚得自家意？我解'格'作'正'字义，'物'作'事'字义。"

——《传习录》

格物不是探究外在的世界，不是去事事物物上探究其特性与原理，而是回到自己的心上，把不正的念头正起来。即使你精通万物的原理，把一草一木的特性及其生长发展规律都掌握得一清二楚，又如何能够反过来提升自身的心性呢？

很多人在走弯路，在外面忙忙碌碌，钻研各种各样的方法和工具，做出各种各样的努力，最后却不见"道"，因为"圣人之道，吾性自足，向之求理于事物者误也"。

阳明先生在前半生中，正是因为一直在事事物物上求理，所以才深陷"五溺"当中无法自拔，以"格竹"事件为代表。他到了龙场，才把目光收回来，懂得"收放心"的道理，最终完成了"惊险的一跃"。

阳明先生说："吾教人致良知，在格物上用功却是有根本的学问，日长进一日，愈久愈觉精明。"所以，对"格物"二字的理解的差异，实际上会指向两条完全不同的道路，这是不可不察之处。

当然，对于今天的我们来说，是不是"格天下之物"就不需要了呢？也不是，我们既要"心上用功"，也别瞧不起"事上努力"，两者共同作用、相得益彰，才是最好的状态。

先生曰："舜不遇瞽瞍，则处瞽瞍之物无由格；不遇象，则处象之物无由格；周公不遇流言忧惧，则流言忧惧之物无由格。

故凡'动心忍性，增益其所不能'者，正吾圣门致知格物之学，正不宜轻易放过，失此好光阴也。知此则夷狄患难，将无入不自得矣。"

——《传习录拾遗》

我们知道，念头往往和情绪、感受结合在一起，一个事件总会带出一些情绪和感受。我们首先就是去处理这些情绪、感受，去观这些情绪、感受。格物是格念头，也是格情绪，因为念头和情绪、感受往往一体。

因此，每一个情绪事件的发生，都是你格物的时机，都是成长的礼物，假如你对某种情绪处理得多了，那么这种情绪对你的影响就会微乎其微。相反，假如你不懂得在此时格物，陷进情绪当中无法自拔，那么你就会越陷越深，这种情绪就会深深地禁锢你，把你变成情绪的囚徒。

我们要感恩，感恩每一个引发我们的情绪、感受的人，感恩每一个引发我们的情绪、感受的事件。没有这些人，没有这些事件，我们去哪里格物呢？

舜如果不是遇到瞽瞍，如何体验天天担心被亲生父亲杀害的情绪、感受呢？舜如果不是遇到象，如何体验天天担心被亲弟弟谋杀的情绪、感受呢？舜可以选择反击，选择和自己的父亲、弟弟针锋相对，也可以选择在这种生活场景下不断地处理自己的情绪、感受，让自己不动心。舜选择了后者，所以成了历史上的大圣人。也可以说，瞽瞍与象间接地成就了舜，没有他们，舜到哪里去格这些情绪、感受呢？同样，周公如果不是遇到流言蜚语，那么关于这些流言蜚语的情绪、感受到哪里去格正呢？

假如你和家人吵架，气得七窍生烟，内心五味杂陈，此时你不应该继续还击，而是应该尽快退出"战场"，去处理你的情绪、感受，去观省，去格你的各种情绪、感受。

吵架事件让你动心，让你的心离开原有的位置，你应该做的不是以牙还牙，而是"忍性"，让心恢复本性，让心忍住不动，通过格正情绪恢复到不动心的状态。各种意外事件不断地把你的心拉出来，你再把心收回去，来来回回拉扯，你的不动心能力才会提升，这就是"动心忍性，增益其所不能"的价值与意义所在。而"动心忍性"的过程就是格物的过程，就是格念头、格情绪和感受的过程。

因此，艰难的时刻或者意外的场合，都是格物的好机会；你不好的情绪、感受出来的时候，亦是格物的好时机。万不可错过这些时机，错过了，你就很难成长迭代。

被人辱骂，感谢，正好借此格物；被人诽谤，感谢，正好借此格物；被人轻视，感谢，正好借此格物；被人嘲笑，感谢，正好借此格物；被人毒打，感谢，正好借此格物；被人陷害，感谢，正好借此格物；被人遗弃，感谢，正好借此格物……

如此一来，不管发生什么，你都不会受到伤害，并且将会变得越来越强大，走到哪里都可以心安理得。这就是格物。

一念发动处便即是行了。

——《传习录》

格物看的是念头，只要你动了贼心，有了做贼的念头，那么即使没有付诸实际行动，也算是你"行"了，就要去格物。

因此，一件事是对还是不对，不仅看行为，更要追究到自己的念头。

格物就是在这"一念发动处"格，而不是在行为和结果上格。你可以强行要求自己放低身段，但是遇到人时，你才知道自己到底有几分谦卑；你可以要求自己不近女色，但是你心中的各种"贼"，不一定那么容易就消停了。

因此，念头发动处才是格物的主战场，要随时随地谨慎警惕，如猫捕鼠，如鸡覆卵，随时做好进攻的准备。

问"有所忿懥"一条。

先生曰："忿懥几件，人心怎能无得，只是不可有所耳。凡人忿懥，着了一分意思，便怒得过当，非廓然大公之体了。故有所忿懥，便不得其正也。如今于凡忿懥等件，只是个物来顺应，不要着一分意思，便心体廓然大公，得其本体之正了。且如出外见人相斗，其不是的，我心亦怒。然虽怒，却此心廓然，不曾动些子气。如今怒人，亦得如此，方才是正。"

——《传习录》

《大学》中提到："所谓修身在正其心者，身有所忿懥，则不得其正；有所恐惧，则不得其正；有所好乐，则不得其正；有所忧患，则不得其正。心不在焉，视而不见，听而不闻，食而不知其味。此谓修身在正其心。"

有人问这一条到底应该怎么理解，阳明先生的回答非常关键，也是格物功夫当中的精华所在。

忿懥也好，恐惧也好，忧患也好，都是人之常情，它们就好像是不请自来的客人，一段时间后会自行离开，你不用招呼，更不用闭门谢客。至于它们什么时候来，什么时候走，都不是你能知道的，你也不用知道，让它们自己玩自己的就好。

如果你非要横插一脚，要么表示热烈欢迎，要么给予强烈的抗击，都是"着了一分意思"，便过当了，不得其正了。

忿懥来了，你要做的，不是跑到忿懥那里去，随着忿懥而忿懥，而是继续待在你的主人位置上，它爱干什么就干什么，随它去；恐惧来了，你要做的不是跑到恐惧那里去，随着恐惧而恐惧，而是继续待在你的主人位置上，看着恐惧即可。

此即阳明先生所说的："人君端拱清穆，六卿分职，天下乃治。心统五官，亦要如此。"心统摄五官，就像君王一样，垂拱而坐，庄严肃穆，各级各部门自然各司其职，天下才能得到治理。

如果心不在自己的位置上，到处乱跑，就会产生各种问题。"今眼要视时，心便逐在色上；耳要听时，心便逐在声上，如人君要选官时，便自去坐在吏部；要调军时，便自去坐在兵部。如此岂惟失却君体，六卿亦皆不得其职。"如果忿懥来了，心便跑到忿懥的那件事上；恐惧来了，心便跑到恐惧的那件事上；忧患来了，心便跑到忧患的那件事上，这就是所谓"逐物"，为物所役，没有权威和威慑力可言。就像君王要选任官员，就亲自跑到吏部去；要调用军队，就亲自跑到兵部去，成何体统？那么各级各部门就乱套了，没办法正常运转。

因此，所谓"正心"，就是让心待在自己的主人位置上，不要随便走动，这样不管什么情绪都影响不到它了，这就是我们说的"不动心"。心不动，自然七情六欲都会自动归正了。

这里的关键点是什么呢？就是笔者之前提到的"以看人之心看己"，就像对待别人那样对待自己。自家打架了，就像看别人家打架一样；自家忿懥了，看成别人家忿懥了；恐惧来了，当成别人恐惧了；忧患来了，当成他人正在忧患。我们以一个观众的身份，以一种看戏的心态，去看舞台上的各种起伏的情绪，去看它们的各种表演，即使有喜怒哀乐，这些喜怒哀乐也不会伤身。

这里有一个主、客之别，心就是主人，各种情绪和感受就是客人，主人要做的就是不要被客人所影响，如如不动地看着客人即可，这就是所谓"观照"。

那我们如何才能做到"不动心"呢？

其实，不动心并非一种强制用心，而是一种结果，一种"集义养气"的自然结果。

有人问，孟子与告子的"不动心"有什么区别？阳明先生回答："告子是硬把捉着此心，要他不动；孟子却是集义到自然不动。"

告子讲不动心，其实就是强制用心，硬生生地要它不动，哪里做得到呢？只有平时注意集义养气，一点儿一点儿地积累，到了一定的阶段，功夫慢慢纯熟，自然就会有不动心。心体本来就是不动的，集义养气就能恢复这不动的心体。

什么是集义呢？古人曰："行一不义，杀一无罪，而得天下，仁者不为也。"不管有多么大的利益，如果让仁爱的人做一件有愧于心的不义之事，门儿都没有，这就是集义。

集义就像积善一样，不做一件不义的事，时间长了，积累下来，自然就会有浩然之气，自然就能做到不动心。因此，不动心不是强迫心不动，而是要从点滴做起，为善去恶。

修齐治平，总是格物。

——《答甘泉（辛巳）》

修身、齐家、治国、平天下，都在格物上做。衣食住行，吃喝拉撒，无事不是格物处，无时不是格物时。

如果我们咬定青山不放松，一心格物，自然就会有长进，这就是切实用功。如果我们不去格物，只是去讲一些大道理，只是去寻一些新鲜感，只是凭空去求一个效果，那么永远无法进步。

你早上起来，第一件事就是格物；中午吃饭，记得格物；晚上睡觉闭眼之后，依然要格物。不管你是德高望重的人，还是普通人；不管你是久经考验，还是初出茅庐；不管你是小有成就，还是衣食无着，成长的方法都是一样的，就是格物。

阳明先生说："我这里言格物，自童子以至圣人，皆是此等功夫。但圣人格物，便更熟得些子，不消费力。如此格物，虽卖柴人亦是做得，虽公卿大夫以至天子，皆是如此做。"

第三节　心即理

　　所谓汝心，亦不专是那一团血肉。若是那一团血肉，如今已死的人，那一团血肉还在，缘何不能视、听、言、动？所谓汝心，却是那能视、听、言、动的，这个便是性，便是天理。有这个性，才能生这性之生理，便谓之仁。

——《传习录》

　　所谓心，不是指血肉之心，而是能让你视、听、言、动的东西，这个东西就是性，或者叫心性。心性不是你身上独有的，而是天地万物所共有的，天地万物所共有的心性，就是天理。因此，心、心性、性、天理，是一不是二。

　　阳明先生又说："心不是一块血肉，凡知觉处便是心。如耳目之知视听，手足之知痛痒，此知觉便是心也。"

　　耳朵可以听，眼睛可以看，手脚知道痛痒，这个让你能够听、能够看、能够知道的"知觉"便是你的心，这个心就是天理。因此，心即理首先可以理解为"此心即天理"。

　　天理在哪里呢？就在你的心上，就是你的心。因此，你的心和天地万物是一样的，都无差别地拥有天理。正如阳明先生所言："我的灵明，便是天地鬼神的主宰。""天地鬼神万物离却我的灵明，便没有天地鬼神万物了；我的灵明离却天地鬼神万物，亦没有我的灵明。"这灵明便是心，便是我与天地万物所共有的那颗心，也叫天理。

在这颗心面前，天地万物一律平等；在这颗心面前，人人皆平等。

心即理也。天下又有心外之事、心外之理乎？

且如事父，不成去父上求个孝的理；事君，不成去君上求个忠的理；交友、治民，不成去友上、民上求个信与仁的理。都只在此心，心即理也。此心无私欲之蔽，即是天理，不须外面添一分。以此纯乎天理之心，发之事父便是孝，发之事君便是忠，发之交友、治民便是信与仁。只在此心去人欲、存天理上用功便是。

只是就此心去人欲、存天理上讲求。就如讲求冬温，也只是要尽此心之孝，恐怕有一毫人欲间杂。讲求夏清，也只是要尽此心之孝，恐怕有一毫人欲间杂，只是讲求得此心。此心若无人欲，纯是天理，是个诚于孝亲的心，冬时自然思量父母的寒，便自要去求个温的道理；夏时自然思量父母的热，便自要去求个清的道理。

——《传习录》

孝敬父母的道理只存在于我们的心里，而不是存在于外面，要到父母身上去找。如果我们的心全是天理，没有私欲遮蔽，那么面对父母，自然就知道该如何孝敬。天热了，我们自然知道别把父母热着；冬天冷了，我们自然知道要想办法为父母取暖。这样的事，不需要我们去上什么礼仪培训班，也不需要我们去请教专家、学者，我们自己自然知道如何去做，因为我们的心本来就是天理，这天理本来就懂得如何孝亲，我们只要按照天理去做即可。

有时，我们之所以不能孝亲，不是因为我们不知道道理和办法，而是因为我们的心被私欲隔断了，我们要做的是不断去人欲、存天理。

因此，理在里面，不在外面，我们的这颗心就是理。我们身上什么都有，不要向外求，我们要做的是想办法让这颗心越来越诚敬，越来越纯粹。

> 我如今说个"心即理"是如何？只为世人分心与理为二，故便有许多病痛。如五伯攘夷狄、尊周室，都是一个私心，便不当理。人却说他做得当理，只心有未纯，往往悦慕其所为，要来外面做得好看，却与心全不相干。分心与理为二，其流至于伯道之伪而不自知。故我说个"心即理"，要使知心理是一个，便来心上做工夫，不去袭义于外，便是王道之真。此我立言宗旨。
>
> ——《传习录》

人有怎样的心，就会有怎样的作为，有怎样的世界。"不知自己是桀纣心地，动辄要做尧舜事业，如何做得？"你有一颗桀纣的心，做出来的只能是桀纣的事业，不可能是尧舜的事业，因为你的心不一样。你有一颗春秋五霸的心，走的就只能是霸道的事业，而不可能是王道的事业，因为这颗心不一样。

所以，你的外在行为与外在世界，与你内在的那颗心，是一一对应的。

这就是"心即理"的第二个内涵，"有此心即有此理"。就像陆象山所讲的，"吾心即宇宙，宇宙即吾心"。

你要想改变你的世界，不是去你的世界当中折腾，那是乱打一通，事倍功半，最好的方法是回到你的心，"便来心上做工夫"。

　　先生游南镇，一友指岩中花树问曰："天下无心外之物，如此花树，在深山中自开自落，于我心亦何相关？"

　　先生曰："你未看此花时，此花与汝心同归于寂。你来看此花时，则此花颜色一时明白起来。便知此花不在你的心外。"

——《传习录》

你能看到花，是你的眼睛本身能看到吗？能让你的眼睛看的是你的心，如果没有了心，就是把这花放在你的眼皮底下，你也看不见。所以，不要说人死了，心不在了，所以看不见了，就算是人好好的，如果心不在焉，也对此花视而不见。如果没有这颗心，谁来看这花的好？如果没有这颗心，谁知道这花的鲜艳？一切都跟你的心有关，有心则生，无心则死。所以，心外无理，心外无事，心外无物。

另外，你心上什么都有，不要去心外寻寻觅觅，"求理于事物者误也"，因为"圣人之道，吾性自足"。这就是"心即理"的第三个内涵：此心即道，此心即圣人之道。圣人有的你也有，重点是回到自己，建设自己，在自己身上下功夫。

第四节　知行合一

　　今人学问，只因知行分作两件，故有一念发动，虽是不善，然却未曾行，便不去禁止。我今说个"知行合一"，正要人晓得一念发动处，便即是行了。发动处有不善，就将这不善的念克倒了，须要彻根彻底不使那一念不善潜伏在胸中。此是我立言宗旨。

——《传习录》

　　如同前文提到的，一念发动处便是行。起心动念处即是因，因决定了果，所以才有"菩萨畏因，众生畏果"。

　　一念不善，虽然不善之念没有被实行，但不代表不善之念就不存在了，不代表不善之念就毫无影响了。相反，一念不善，就会引发不善的后果。这就是圣人对起心动念戒慎恐惧的原因所在。

　　更重要的是，如果此念没有被及时制止，就会引发其他的不善之念，因为念头一般不是单个存在的，往往会有一个念头簇。因此，阳明先生说："克己须要扫除廓清，一毫不存方是。有一毫在，则众恶相引而来。"

大部分人对此并无察觉，也不以为意，所以才有了很多恶业。为此，阳明先生告诫世人，知行合一，一念发动便是行了，修身要从念头修起，克己要从念头克起。

　　故《大学》指个真知行与人看，说"如好好色，如恶恶臭"。见好色属知，好好色属行。只见那好色时，已自好了。不是见了后，又立个心去好。闻恶臭属知，恶恶臭属行，只闻那恶臭时，已自恶了。不是闻了后，别立个心去恶。如鼻塞人虽见恶臭在前，鼻中不曾闻得，便亦不甚恶，亦只是不曾知臭。

　　　　　　　　　　　　　　　　　　　——《传习录》

什么是"知行合一"？

"如好好色，如恶恶臭"就是知行合一。人看到美女，立马就喜欢上了，并不需要想一想才喜欢；闻到恶臭，立马就厌恶了，并不需要想一想才开始厌恶。这中间没有任何间隔，一气呵成，这就是知行合一。

如同你的手触摸到炭火，第一时间一定会缩回来，这中间不会有任何犹豫，你也不会想一想后再缩回手，知行本就合一。

如果一个人孝顺，必定已经做了很多孝顺的举动，我们才说他孝顺。不可能因为他发表了一些孝顺的言论，我们便说他孝顺了。见到父母，你的心自然就告诉你要孝顺，之所以不能孝顺，不是因为你的心没有告诉你，而是因为你没有按照心的要求去做，因为知行被人欲隔断了。这或许因为你的心中充斥着傲，你也并非真正地关心父母，或许因为你怕麻烦，只想着自己舒服。

什么是知行合一？按照内心告诉你的去做，按照良知告诉你的去做，就是知行合一。心即理，良知即天理，你若按照天理的要求去做，就不会错，就一定会走在正确的道路上。如果不按照天理的要求去做，只想按照自己的小心思去做，你就会走到岔道上，且道上荆棘丛生。

古人所以既说一个知，又说一个行者，只为世间有一种人，懵懵懂懂地任意去做，全不解思惟省察。也只是个冥行妄作。所以必说个知，方才行得是。又有一种人，茫茫荡荡，悬空去思索，全不肯着实躬行，也只是个揣摸影响。所以必说一个行，方才知得真。此是古人不得已，补偏救弊的说话。若见得这个意时，即一言而足。今人却就将知行分作两件去做，以为必先知了，然后能行。我如今且去讲习讨论做知的工夫，待知得真了，方去做行的工夫，故遂终身不行，亦遂终身不知。此不是小病痛，其来已非一日矣。某今说个知行合一，正是对病的药。又不是某凿空杜撰，知行本体原是如此。

——《传习录》

人们不相信内心的力量，不相信自己的内心拥有无尽的宝藏，做什么事都要向外求，去上各种培训班，学来学去学到了不少技巧和手段，但是心胸和格局没有任何提升。心的层次没有任何提升，你学得再多，依然是在这个层次上，所学的东西不会给你带来多少实质性的改变，甚至会让你陷在一个局里出不来。

因为你将知行当成了两件事，认为收集很多的道理和方法后才可以出发，反复折腾后，你发现获得的并非真知，更无法做到真行。

还有一种人，什么都不管不顾，只是埋头去做，闭门造车，"冥行妄作"，撞了南墙十年也不知道回头。这种人，没有博学、审问、慎思、明辨，只有自以为是的笃行，到最后也是毫无成效。

知行不一不是一个小病痛，耽误了很多人，所以阳明先生才提出了"知行合一"，对症下药，希望人们能够听从内心的指引，能够知行合于道，真知真行，拨云见日。

第五节　事上练

问："静时亦觉意思好，才遇事便不同，如何？"

先生曰："是徒知静养，而不用克己工夫也。如此，临事便
要倾倒。人须在事上磨，方立得住，方能'静亦定，动亦定'。"

——《传习录》

如果把自己关在山上"明明德"，而不是去经历事，最终还是立
不住志，且根基不稳。刀靠石磨，人靠事磨。人的改变不是学出来
的，而是被生活磨炼出来的。因此，闭门造车是行不通的，我们还得
让自己有足够的经历，努力地做事，并在做事的过程当中修炼自己。

阳明先生的一个弟子刘君亮要去山中静坐，求一个清净。阳明先
生对他说："汝若以厌外物之心去求之静，是反养成一个骄惰之气了。
汝若不厌外物，复于静处涵养却好。"

很多时候，所谓静坐，你以为让自己清净了，殊不知你在无形中
滋生了很多傲慢、懒惰之习，自以为多了不起，以为身边的环境影响
了你，下意识地找捷径意欲解决，这些都是在助长你的人欲，而不是
在减少你的人欲，到最后遇事即倒，禁不起现实的考验。

因此，你仅仅求一个静是不够的，还要努力地深入群众，经历事情，在事上磨炼自己。

有一属官，因久听讲先生之学，曰："此学甚好，只是簿书讼狱繁难，不得为学。"

先生闻之，曰："我何尝教尔离了簿书讼狱，悬空去讲学？尔既有官司之事，便从官司的事上为学，才是真格物。如问一词讼，不可因其应对无状，起个怒心；不可因他言语圆转，生个喜心；不可恶其嘱托，加意治之；不可因其请求，屈意从之；不可因自己事务烦冗，随意苟且断之；不可因旁人谮毁罗织，随人意思处之。这许多意思皆私，只尔自知，须精细省察克治，惟恐此心有一毫偏倚，杜人是非，这便是格物致知。簿书讼狱之间，无非实学。若离了事物为学，却是著空。"

——《传习录》

工作即修行，离了工作，何处修行？

如同稻盛和夫所讲，只有工作才能提升心性、磨炼灵魂，除此之外，没有第二件事可以。因此，你要在你的工作上磨炼自己，借事炼心，吾日三省吾身，"今天的工作我是否尽心了？""今天我待人是否亲切？""今天我都生了哪些不好的心？"。

如果你不在事上练，只是一天到晚抱着书本，讨论某句话、某个概念到底是什么意思，又有什么意义呢？学富五车，不如为善去恶。学习不是积累知识，而是去事上观念、克念、守念。没有事，你去哪里观呢？如果不经历事，你去哪里克呢？

事就是我们修炼的道具，从事上回到心上，不断地去觉察自己的起心动念，念念去人欲、存天理，就是我们自我精进的路径。所以，工作即学习，学习即工作。

　　澄在鸿胪寺仓居，忽家信至，言儿病危，澄心甚忧闷，不能堪。

　　先生曰："此时正宜用功，若此时放过，闲时讲学何用？人正要在此等时磨炼。父之爱子，自是至情，然天理亦自有个中和处，过即是私意。人于此处多认做天理当忧，则一向忧苦，不知已是'有所忧患，不得其正'。大抵七情所感，多只是过，少不及者。才过便非心之本体。必须调停适中始得。就如父母之丧，人子岂不欲一哭便死，方快于心？然却曰'毁不灭性'，非圣人强制之也，天理本体自有分限，不可过也。人但要识得心体，自然增减分毫不得。"

——《传习录》

　　人在关键时刻不能松懈，七情六欲来的时候，正是磨砺自己的好时候，这个时候不用功，等到什么时候用功呢？

　　虽然道理容易明白，但是做时难之又难。

　　人们在悲愤的时候，往往不知道这悲愤就是用功的资料，只是一味地悲愤，错失了格物的良机；人们在嫉恨的时候，不知道这嫉恨就是精进的材料，只是一味地嫉恨，错失了磨砺自我的良机，所以一辈子很难有进步；人们在烦恼的时候，不知道这烦恼即菩提，只是一味地烦恼，错失了存天理、去人欲的良机，所以变得越来越烦恼。

悲愤存在的目的，不是让你更悲愤，而是让你格去悲愤的情绪、感受；嫉恨存在的目的，不是让你被嫉恨所左右，而是让你借此去观省；烦恼存在的目的，不是让你更烦恼，而是让你把烦恼变菩提，一念一世界。

关键时刻，人们往往被情绪所左右，很难做到明察秋毫。"此时正宜用功"，提醒我们因病而药、久病成医的方法，就是在事上磨炼，把喜、怒、哀、乐、爱、恶、欲都当成自我提升的材料，物来则照，如如不动。

第六节　致良知

　　"所恶于上"是良知，"毋以使下"即是致知。

——《传习录》

　　《大学》中有言："所恶于上毋以使下，所恶于下毋以事上，所恶于前毋以先后，所恶于后毋以从前，所恶于右毋以交于左，所恶于左毋以交于右，此之谓絜矩之道。"

　　一个人有6种人际关系，上下、前后、左右，上下就是上下级关系，前后就是前人后人、前任后任的关系，左右就是平级关系。如果你不想上级这么对待你，就不要这么对待你的下级；如果你不想下级这么做，当你对上级的时候，你也不要这么做；如果你不想前任这么对待你，就不要这么对待你的后任；如果你不想左边的同事这么对待你，就不要这么对待右边的同事，这就是絜矩之道。

　　因此，什么是絜矩之道？己所不欲，勿施于人，将心比心，就是絜矩之道。

　　所以什么是良知呢？

　　"所恶于上"便是良知。对上级的做法很不满，你心里自然知道。

你有自己的原则和价值观，有自己的评判标准，如果没有夹杂个人得失，全以是非为是非，那么这些判断标准就是来自你的良知。

你的良知自然知道什么对、什么不对，不学而能、不虑而知。面对老板做得不对的地方，你自然就会知道。

那什么是致良知呢？

"毋以使下"即是致良知，当面对自己的下级的时候，你不要用你的上级的做法对待下级，要注意避免犯上级的错误，让自己处在不偏不倚的位置上，这就是致良知。

因此，"所恶于上"是知，"毋以使下"是行，知行合一，方能禀良知而行。知而不行，只是未知，不能算是致良知。

> 先生曰："良知是造化的精灵。这些精灵，生天生地，成鬼成帝，皆从此出，真是与物无对。人若复得他完完全全，无少亏欠，自不觉手舞足蹈，不知天地间更有何乐可代？"
>
> ——《传习录》

《道德经》中讲："道生一，一生二，二生三，三生万物。"什么是宇宙万物从无到有、从0到1生成变化的源泉？就是道，就是无极。

什么是良知？在阳明先生看来，良知就是道，就是无极，就是"造化的精灵"，它"生天生地，成鬼成帝"，生成演化了万事万物，是一切的源泉。因此陆象山才有"宇宙即吾心，吾心即宇宙"的感慨。

人的心本来就是良知，就是道，就是"造化的精灵"，当然不学而能、不虑而知，当然活泼泼地可以自由创造，当然可以掌控自己的命运。人如果能够去人欲、存天理，能够让这良知充盈，让己心全然是天理，没有一点儿亏欠，那快乐自然妙不可言，让人禁不住手舞足蹈，这世间还有什么快乐能够跟这个快乐相提并论呢？

这是一种什么快乐？肯定不是转瞬即逝的饮食男女之乐，而是一种内在的法喜（佛学术语，又作法悦，指听闻佛陀教法，因起信而心生喜悦）。

人被法喜充满，自然也成了这世间的精灵。

人的良知，就是草木瓦石的良知。若草木瓦石无人的良知，不可以为草木瓦石矣。岂惟草木瓦石为然？天地无人的良知，亦不可为天地矣。盖天地万物与人原是一体，其发窍之最精处，是人心一点灵明，风雨露雷，日月星辰，禽兽草木，山川土石，与人原只一体。故五谷、禽兽之类皆可以养人，药石之类皆可以疗疾，只为同此一气，故能相通耳。

——《传习录》

阳明先生认为：天地万物一体，人有良知，草木瓦石也有良知，人的良知就是草木瓦石的良知。人与天地万物虽然在形体上被隔开了，但是通过良知一窍，又连接在一起。五谷、禽兽作为食物，可以养活人，药石作为药物，可以治愈人的疾病，都是因为一气相通。

所以，在中国古人的世界观当中，"天地与我并生，而万物与我为一"。

我是谁？想必我们此时对这个问题会有一个全新的理解。

在虔，与于中、谦之同侍。

先生曰："人胸中各有个圣人，只自信不及，都自埋倒了。"

因顾于中曰："尔胸中原是圣人。"

于中起，不敢当。

先生曰："此是尔自家有的，如何要推？"

于中又曰："不敢。"

先生曰："众人皆有之，况在于中，却何故谦起来？谦亦不得。"

于中乃笑受。

又论："良知在人，随你如何不能泯灭，虽盗贼亦自知不当为盗，唤他做贼，他还忸怩。"

于中曰："只是物欲遮蔽，良心在内，自不会失；如云自蔽日，日何尝失了！"

先生曰："于中如此聪明，他人见不及此。"

——《传习录》

圣人之道，吾性自足。圣人有的，你也有；圣人有良知，你也有良知；人人心中有仲尼，人人自有定盘针。因此，人人皆可为圣贤。就像颜回所讲的："舜何人也，予何人也，有为者亦若是。"

他人说你是圣贤，你也不用推辞，为什么要推辞呢？你本来就有，本来就是，纵是不想要也不行。

所以一个知道自己的家底深厚的人，才会真的去努力、去奋斗，才会立下必为圣人之志，才会随时随地戒慎恐惧、必有事焉，因为他不想辜负了这辈子的深厚家底，这是他成圣成贤的资本。

曾国藩就是一个著名的代表。当知道自己的家底之后，他就立下了"不为圣贤，便为禽兽"之志，从前种种譬如昨日死，从后种种譬如今日生，开始改过反省，省察克治，半辈子如临深渊、如履薄冰，立德、立功、立言，终成一代圣贤。他就是中国人修齐治平的榜样。

"尔胸中原是圣人"，不要浪费了这深厚的家底。

07

第七章

激活 3.0 操作系统，
开创 3.0 事业与人生

运载 3.0 操作系统会改变一个人与外界的交互方式，升级个人的商业模式，进而形成 3.0 事业与人生。

3.0 个人商业模式以利益客户为中心，以产品或服务为载体，以发展信任为基底，以建设自己为前提，以建设客户为目的。

建立 3.0 个人商业的方法就是把握好"三个第一"：立志第一、主业第一、客户第一。同时，这也是将 3.0 操作系统应用于个人商业的内在心法。

第一节 3.0 个人商业基本原理

笔者在前文重点阐述了格物以及击穿人欲的内容，从这一章开始，重点来讲"亲民"。

《大学》开篇即提到："大学之道，在明明德，在亲民，在止于至善。"一个人要想有所成就，除了需要自身不断地"明明德"，还要坚持"亲民"路线，不能成为一个"精致的利己主义者"。

阳明先生说："只说'明明德'而不说'亲民'，便似老、佛。"只讲个人的修身，而不去服务民众，不去服务客户，不去建功立业，就有点儿像道、佛，只顾寻求出世和解脱，偏离了儒家思想。当然，我们不是去争执孰是孰非，而是为了点明"亲民"的重要意义。

实际上，"明明德"和"亲民"是一不是二，两者是一体的，自己明明德了，才能更好地帮助更多的人明明德，帮助更多的人明明德了，就等同于自己明明德了。因为天地万物一体，亲民即开发，成民即成己。我们和其他人之间是统一的，而不是割裂的。这如同大海中的岛屿，看起来各自独立，其实深入到海底我们就会发现它们全部连接在一起。

人活在世上，除了自己吃饱穿暖，还得对这个世界有所贡献。这个贡献就是亲民，亲民的途径多种多样，这就涉及 3.0 个人商业基本原理。

每个人都是自己的 CEO，这辈子要怎么过，自己的使命、愿景、价值观、战略是什么，自己的主业是什么，可以提供的产品和服务是什么，客户在哪里，都需要去思考和关注。我们不能整天忙忙碌碌，到头来却庸庸碌碌。

这里首先必须强调一个概念，就是"客户意识"。不管你是老板，还是普通员工，不管你是创业者，还是自由职业者，不管你的角色、身份、地位、经历如何，你总有你的"客户"，我们存在的价值和意义就是为社会、为他人创造更大的价值。

在家里，家人就是你的"客户"，你要有主动地服务他们的意识，而不是"衣来伸手、饭来张口"，或者只接受家人的付出，而不为家人付出。这世上没有什么理所当然的事，一切都是难能可贵的，因此，你也要为家人着想，多为他们做些事。

在组织里，同事就是你的客户，你们的工作不是割裂的、单独的，而是嵌在一个流程体系中，因此，你必须为你的"客户"提供价值，不然你的存在就失去了意义，也很难凸显自己的价值。另外，对于一个组织的内部人士来说，你必然有着自己的外部客户，不管你是否直接接触客户，都必须有服务客户的意识，拥有外部视角、客户视角，避免闭门造车，这样才能真正把自己的工作做好。

因此，客户是一个广义的概念，只要是你能为之提供服务、为之创造价值的对象，都可以视为你的客户。你要全心全意地为客户服务。

当前，我们在服务客户的过程中面临着三大挑战。

第一，客户近在眼前，却又远在天边。

这种"远"不是物理距离上的远，而是心理距离上的远。在工作中，很多人不知道自己的客户是谁，不知道为谁服务，不知道客户在关注什么，不知道客户的需求和苦痛，不知道客户面临的困难与挑战，不知道客户内心的渴望，不知道客户下一步往哪里走，相互之间即使有交易，有产品的对接，但很多时候往往"形同路人"。

第二，为自己忙得多，为客户忙得少。

我们看似整天都在与客户打交道，为客户奔忙，其实心中没有客户，都是为自己的业绩、指标、任务、名利在奔忙，并非真的为客户着想，并非真的关注客户的问题和发展，因此很难谈得上真正为客户服务。

我们看似很努力、辛苦，但是了无功德，缺少真正的积累，难以真正改变自己的命运。

第三，不缺有形价值，缺无形价值。

有这样一个视频：一个卖猪肉的摊子旁边走过来一位女顾客。她翻了翻放在案子上的几块肉之后，转头就要走。老板就问："美女，没有合适的吗？"女顾客说："对，没有合适的。"这时候，老板递过去一张纸巾，说："不合适没关系，你擦擦手吧。"女顾客转身拿过纸巾，一边擦手一边说："老板，你把这块肉卖给我吧。"

这个视频说明了一个有趣的商业道理：不要以为你是在用自己的产品做生意，生意的本质是人和人之间的信任。所以有这么一句话："客户的离去，大多是因为你的产品；而客户的回头，大多是因为你的服务。"这种服务就是一种"无形价值"。

产品分两种：一种为有形产品，另一种为无形产品。有形产品可以满足客户某一方面的功能需求，可以提供一部分有形价值，但是无形价值才能真正留住客户，尊重、恭敬、温暖、利益人心、成就客户……这些无形价值才是建立信任、提升客户黏性的关键。因此，我们在面对客户的时候也要带上无形的产品。

3.0 个人商业模式的起点：心

稻盛和夫说："一切始于心，终于心。"对于 3.0 个人商业来说也是如此。

面对同样的工作，不同的人在工作时所处的层次并不相同。有人在金钱的层次工作，一切都是为了钱；有人在名利的层次工作，非常注重自己的身份、名望、影响力；有人在权力的层次工作，非常在意自己的位子，所有的努力都是为了能够持续地往上爬；有人在匠人的层次工作，努力地做好每一件事，尽职尽责，兢兢业业；有人在无意义的层次工作，不知道工作是为了什么，当一天和尚撞一天钟；有人在兴趣的层次工作，工作对他来说，就是做自己喜欢或者擅长做的事；有人在消遣的层次工作，工作是为了找一件事做打发时间；有人在忠诚的层次工作，一切努力都是为了对得起组织、上级以及老板的期待，希望得到足够的信任和肯定；有人在服务的层次工作，希望带给客户更多、更好的体验；有人在成就客户的层次工作，心中装着客户，希望能够推动客户持续发展；有人在信仰的层次工作，把工作视为践行某种价值观的机会，并努力地去传播自己所相信的东西。

不同的层次，背后其实是不同的心。我们知道，人与人之间真正的不同，是心与心的不同。

有敷衍之心的人，能少干活绝不多干活，能随便做一下绝不花费过多的心思，凡事马虎随意，对自己没有多少要求。有计较之心的人，就怕自己干得多回报少，就怕别人得到的多，总是在一些无足轻重的地方斤斤计较。有吝啬之心的人，想达到一个高目标，却又不愿意付出额外的时间和精力，担心投入多了得不偿失，所以做什么都是蜻蜓点水、浅尝辄止。有妥协之心的人，对什么都不感兴趣，不愿意做出任何努力，只贪图享受，眼中没有他人，不知道什么是付出，不知道什么是贡献。

有严谨之心的人，做事尽心尽力，认真负责，殚精竭虑，追求持续改善。有精进之心的人，在有限的条件下努力地寻找突破口和抓手，不断地把工作前进。有奉献之心的人，不过多计较，任劳任怨，一切以客户为中心，努力地为客户创造更多的价值。有无我之心的人，能放下一己利益之得失，以是非作为判断和选择的标准，敢于直面挑战，迎难而上，全心全意地为客户服务。

不同的心，就决定了不同的个人商业模式，这就是交易、交往、交通（见图 7-1）。

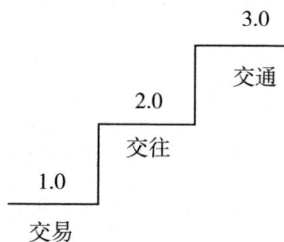

图 7-1　个人商业模式

1.0 商业模式：交易

这种模式的特点是一手交钱，一手交货。我拿到我想要的，你得到你想要的，各取所需。你得到了东西，就可以走人，别跟我发生更多的联系，最好永不相见，相见也是因为我们需要继续交易。当我需要你的时候，你就出现；当我不需要你的时候，你最好永远不要出现。我们之间就是交易关系，交易完就各奔东西。交易关系当中，双方很难有信任可言，也很难有什么客户黏性可言。

在职场上同样如此，秉持交易的逻辑，雇佣双方就是一种纯交易的关系。对雇主而言，员工就是达成目标的棋子；对员工来说，雇主就是定期提供薪酬的提款机。双方没有任何信任和感情可言，只是暂时相互利用、各取所需罢了。

很多人以交易的模式存在于职场中，这会给他们的职业生涯带来更多的不确定性。

2.0 商业模式：交往

在这种商业模式中，经营者不仅关注客户的钱包，也关注客户本人，和客户有进一步的交流，争取了解客户，支持客户，为客户创造价值。这种商业模式在交易的连接之外，多了一些情感的连接，双方之间甚至有一些温暖和爱在流动。

对个体来讲，采取这种商业模式，不仅能够完成自己的工作，还能够看到服务的对象，包括内部客户和外部客户。他们能够站在内部、外部客户的角度去规划自己的工作，满足客户的需求，既能看到事，也能看到人，有一定的大局观和服务意识。

他们秉持"有往有来"的理念，先走出去，走到客户中间，为客户做出贡献，这就是"往"；先为客户付出，然后就有"来"，就会赢得客户的信任和回报。

笔者曾经为金融行业提供过经营管理咨询服务，其中有一位客户说过一句让笔者印象深刻的话，很好地诠释了什么是"交往"模式。他说："衡量我们的竞争力不仅看销量，更要看我们的财富管理服务能力；衡量我们对客户的维护，不仅看我们销售了多少产品，更要看我们为客户创造了多少价值，看客户的资产有没有提升！"

在商业交往模式中，我们不能仅仅去关注销量、业绩，更要去关注客户、关注价值、关注客户的发展，这对很多人来说是一种挑战。

3.0 商业模式：交通

采取这种模式的经营者，不仅关注客户本人，也关注客户的生命发展与内心成长，满足客户内心的渴望，引导客户做出自己的贡献，帮助客户更好地转型和升级，让客户明白人与人的不同在于心的不同，让客户也可以建设自己，建设他的客户，从而成就崭新的未来。

这就是利他，和客户产生心与心的连接，心心相通，才有信任可言，才有客户黏性可言，才有客户忠诚度可言。利他的根本是利他之心，让客户的内心世界获得成长，让客户知道什么是心安。

因此，3.0 个人商业模式是以利于客户为中心，以产品或服务为载体，以发展信任为基底，以建设自己为前提，以建设客户为目的的一种商业模式。

每个人不同的心灵层次，决定了他们所采用的个人商业模式。对秉持"交易"模式的个体来说,他很难做到"交往"模式所要求的事情,因为他没有那颗心。对于处于"交通"模式的个体来说,你让他去和自己的客户纯交易,他也很难做到,因为那不是他的本心。

人只有不断提升心性,才能从"交易"走到"交往",从"交往"走到"交通",这就是稻盛和夫所讲的"提高心性,拓展经营",提高心性,自然就拓展了经营的深度和广度。如果一个人心性没有提升,心还是那颗心,强行去拓展经营,这是不可能的。因此,持续经营、稳健发展的关键,在于个体心灵层次的提升和发展。

一切都始于心,终于心。

"得到 APP"创始人罗振宇曾经分享过自己被华为云销售人员陈盈霖打动的故事。一个久经考验的高手会被一名销售人员所感动,这简直像是天方夜谭。

陈盈霖给罗振宇写了一封邮件,凭这封邮件就拿到了几千万元的订单,让罗振宇下定决心把公司用了多年的数据服务商换成华为云。那么这封邮件是如何写的呢?

1. 我们不是要"挣客户的钱",而是要"帮客户挣钱"。所以,当得知"得到"要做企业服务需要客户时,华为云已经在内部层层筛选,帮罗振宇找到了一个优质的目标客户。

2. 不要有顾虑。即使"得到"最后没有选择华为云,刚才提到的这个合作华为云也会促成。

3. 华为云的总裁和副总裁都在高度地关注这个项目。在原先的数据服务商那里,"得到"可能只是个大客户,但在华为云这里,华为云会倾注所有的优质资源和优秀人员到这次服务中去。

4. 您就是拒绝我们 100 次，第 101 次我们也会打动您。

5. 我们没有"美式装备"，但是在您最需要的时候，我们一定是金刚川上的那座"人桥"。

"老江湖"罗振宇看完这封邮件以后居然被触动了。罗振宇心想：这位销售界的"神级"员工陈盈霖，如果能到我们公司来给我们当同事，该有多好啊！

很多人只看到了陈盈霖的邮件写得有水平，但其实打动罗振宇的哪里是邮件呢？其根本原因在于陈盈霖这个人不一样，在于陈盈霖拥有的那颗心不一样。其背后所反映的是华为"以客户为中心"的服务理念。这种"以客户为中心"的精神，不是挂在墙上供人欣赏的，而是深深地刻在了以陈盈霖为代表的华为人心中。

如果你没有这颗"以客户为中心"的真心就想复制这种做法，用一封邮件打动客户，那是不可能的。

什么是 3.0 交通模式？这就是。

为了帮助大家深刻地理解这一点，我们再看几个华为的客户服务理念：

· 为客户服务是我们存在的唯一理由，也是生存下去的唯一基础。

· 要以宗教般的虔诚对待客户。

· 要警惕以自我为中心。

· 以客户为中心就是要帮助客户商业成功。

· 以客户痛点为切入点，帮助他们解决面向未来的问题。

· 在客户面前，我们要永远保持谦虚。

因此，3.0 模式的本质其实就是商业的本质——以客户为中心，以利于客户为中心。

3.0 个人商业的目的：人

康德说，人是目的，而不是手段。同样，在 3.0 个人商业模式中，人才是目的。无论是职场人士，还是创业者或者自由职业者，不管他提供何种产品和服务，他的目的都是去促进客户的发展、提升客户的价值、发掘客户的心灵宝藏，有着超越利润的追求。客户才是目的，人才是目的，产品和服务只是手段。

在 3.0 个人商业经营者那里，产品和服务只是自己连接客户的手段，连接客户不是为了卖出商品，而是为了利于客户，提升客户。客户对美好生活的向往，就是 3.0 个人商业经营者的奋斗目标。

看不到"人"，而只看到"物"，眼里只有自己，只有交易，只有物质回报，这不是 3.0 商业经营者要做的事情。3.0 商业模式经营者要回归商业的本质，致力于打造以人为目的、以生活为意义的新商业文明。

在一个 3.0 个人商业经营者眼中，服务不只有卖出产品的层次，还有其他层次（见图 7–2）。

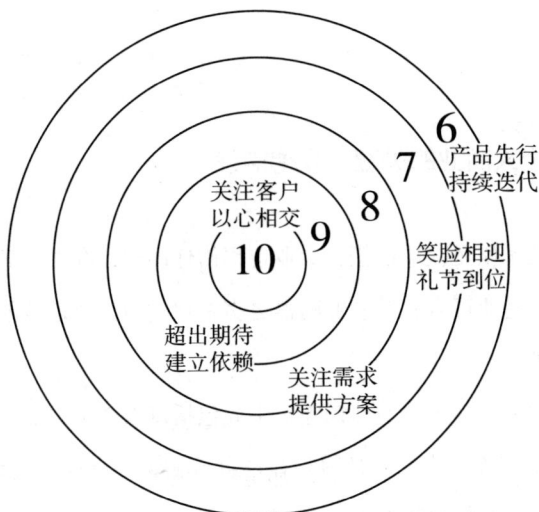

图 7-2　"3.0 个人商业服务层次"模型

6 分：产品型——产品先行，持续迭代。

7 分：体验型——笑脸相迎，礼节到位。

8 分：方案型——关注需求，提供方案。

9 分：温暖型——超出期待，建立信赖。

10 分：人心型——关注客户，以心相交。

3.0 商业模式经营者会努力地将视野从"事"上，不断扩展至"人"上。以前，人们更多关注指标、关注业绩、关注规模、关注产品、关注进度，这些都是在"事"的层面上；现在，人们更多关注成长、关注客户、关注发展、关注最终目的，这些都是在"人"的层面上。

所以，3.0 个人商业模式经营者努力地实现从"事"向"人"的转变，从而回归商业的本质，促进人的全面发展。

3.0 个人商业的关键：赢得信任

营销的本质是获取信任，商业也因信任而得以存在，如果没有信任，就没有商业可言。谁能够赢得更多客户的信任，谁就能够成为市场的领跑者。

如何才能赢得客户的信任呢？主要包括以下 3 个方面：第一，本身必须值得信赖；第二，必须与客户直接相关，有连接关系；第三，存在有益人心的行为和价值。

如果你同时具备了这 3 个方面，那么一定会赢得客户的信任。

第一个方面，必须保证本身值得信赖。

电线杆上的"牛皮癣"广告和电视上的广告相比，显然后者更值得信赖，因为信源不同。这也就是说，你首先必须是一个值得信任的人。同样的话由不同的人说出来，作用和效果截然不同，因为说话的人不一样。如果你本身无法被客户信任，那么做再多的工作，说再动听的话，可能都是无用功。

如何让自己更值得信任呢？你可以问自己以下两个问题。

第一，你是不是一个有能力的人？也就是说，你要有专业专长，让人相信你有"几把刷子"。因此，不管你做什么，一定要深耕专业领域，精研自己的专业能力，有自己的"一技之长"。

第二，你是不是一个有道德的人？也就是说，你是不是足够靠谱？你虽然有能力，但是不靠谱，也很难取得别人的信任。因此，要坚持用行动表达自己的原则与价值观，内外一致，言行一致。

不要在自己的办公室里嚣张跋扈，而在客户的办公室里唯唯诺诺，你在自己的办公室里说的话，就是在客户的办公室里说的话；不和客户博弈，不欺骗客户，客户慢慢地就会对你有强大的信任感。

第二个方面，必须与客户产生连接。

你可以自问："假如我是客户，你是不是与我有关系？"

虽然你德才兼备，但与客户又有什么关系呢？！

因此，我们应该以一个德才兼备的自己去服务客户，输出自己的价值，帮客户变得更好，如此才能和客户建立连接。建立了连接，输出了价值，满足了客户的需求，促进了客户的发展，你自然就会赢得信任。

同时，我们不仅要在言语、行为上对客户好，还要从发心、初心处，从起心动念间对客户好，真心地对客户好。没有人会拒绝你真的对他好。反过来，如果客户拒绝了，你反求诸己，一定是因为你并不是真的对客户好，还需要继续修正自己，继续下功夫。

第三个方面，必须利于人心。

利于客户有很多种表现形式，给客户提供物美价廉的产品是利于客户，给客户一个笑脸是利于客户，给客户端一杯水是利于客户，给客户送一个小礼物是利于客户，给客户良好的购物体验是利于客户，给客户排忧解难是利于客户，让客户懂得建设自己、获得身心的全面发展也是利于客户。

真正的利他，是利他之心，是让客户的心有所提升。真正的利于客户是建设客户，协助客户建设自己，终身成长。

如果你做到了这些，那么不用做广告，客户自然会信任你。

这就是输出无形价值，利于人心就是超越出售商品的层次，去满足客户无形当中的渴望。

所以，3.0个人商业经营者是在经营什么呢？其实是在经营人心、发展人心，提升人类的意识能量层级。因此，赢得信任的根本在于利于人心。

人通过心与心连接起来的合作关系才是最稳固、最可靠的。产品本身没有黏性，技术本身没有黏性，流量本身没有黏性，只有人心才具有黏性，只有心与心之间的深度连接才有黏性。

当然，要达成这种结果，商业经营者必须不断提升自己的心性，如果经营者的心还处在"交易"的层次，就想利用一些手段获取客户的好感，这是做不到的，客户会感知到经营者是一颗什么样的心，因为心"不学而能、不虑而知"。

3.0 个人商业模式的路径：建设自己，建设客户

因此，发展3.0个人商业模式的路径，就是首先建设自己，提升自己的心性，将自己提升后的心性凝结在自己提供的产品和服务当中，然后去服务客户，建设客户。

或者说，就是首先自己"明明德"，不断建设自己，然后通过产品和服务去连接自己的客户，努力地帮助更多的人"明明德"，不断建设客户。当客户被建设了以后，你就会受到激励，会无形中促进自

己"明明德"，从而更好地建设自己，然后再去建设客户，形成一个良性的循环，进而提升整个商业生态。

当你建设了客户，客户会对你更加信赖，从而不断提升忠诚度。而且这些被建设了的客户会成为你的品牌宣传队伍中的一员，努力地帮助你扩大你的商业版图，这就是"近悦远来"的商业模式。

"近悦远来"可遇不可求，你只要做好自己，剩下的事情会自动发生。如果你做不好自己，不在自己身上下功夫，不去建设自己，不去建设客户，一天到晚陪客户喝酒，一天到晚搞促销，最后还是会劳而无功。这就是所谓"求理于事物者误也"。

"近悦远来"的模式就是"王道"的模式，"内圣外王"的道路也是一条正道。

其关键就是让客户激励自己。你与其天天给自己打气，天天高喊口号，不如真正到客户当中去，努力地寻找服务客户的切入点，努力地促进客户的发展，努力地帮助客户提升心性，躬身入局，在这个过程中你自然会受到激励。

为什么很多人常常觉得自己丧失了斗志，没有了动力？就是因为他们离客户太远，没有真正去服务客户，因而也无法收获客户的激励，无法连接自己的阳光、土壤、雨露。

3.0 个人商业发展的客观结果：成就客户，贡献社会，为人民服务

在 3.0 个人商业模式当中，人是目的，产品是手段。商业以利于

客户为中心，客户的发展、客户的成长、客户的未来是商业要达成的最终目标。产品只是连接客户的手段，连接客户以后，经营者要想办法通过客户的需求促进人的发展。

企业是社会的器官，要为社会服务，才会有存在的价值，才可以长久发展。企业如果努力地攫取利润，却无法为社会贡献价值，就很难获得长期的发展。对个体来说也是一样的，个体也是社会的一部分，个体也要努力地为社会服务，才能实现个人的价值，活出一种理想的人生。

3.0 个人商业模式依托于"天地万物一体"的世界观，其经营者与客户的关系是不可分割的，不是对立的，是一体的。我们全心全意地为客户服务，就是为自己服务；成就客户，就是成就自己。反之，我们薅客户的"羊毛"就是薅自己的"羊毛"，损害客户的利益就是损害自己的利益。

因此，发展 3.0 个人商业模式的客观结果就是成就客户，成就自己贡献社会，为人民服务。

第二节　如何建立 3.0 事业

立志第一

一个人要想建立 3.0 事业，第一件事就是立志。

"知止而后有定"，立志就是找到这个"止处"，有了志以后，人才会知道自己从哪里出发，往哪里去，才能具备战略定力。

如果一个人不知道"止"，今天试试这个，明天试试那个，哪里赚钱去哪里，就无法力出一孔、制心一处，最后就有可能"心乱如麻"。

立志实际上就是给自己定方向、定目标、定路径的过程，给自己确定人生道路，选一条路，成一件事。

立志最好的方法就是回到过去，回到自己的人生经历当中去"寻宝"，去发现遗留在过去的信号和指引，找到自己的"天命"。

有人讲，现在即未来，笔者更觉得过去即未来，因为现在瞬间就成了过去。

如果樊登过去没有参加过辩论队，没有当过主持人，没有在高校里讲课的经历，就很难成为一个讲书人，也很难有后来的樊登读书会。如果李欣频过去没有读广告系，就很难去应聘写文案的工作，没有写过文案，就很难出版一本文案方面的图书《诚品副作用》，没有这本书，就很难成为未来的大作家，一环扣一环。

没有最初的阿里巴巴网站，就很难有淘宝；没有淘宝，就很难有支付宝。没有电商业务，就很难有后来的物流业务以及云业务，这些都是一环扣一环的，这也是亚马逊的发展过程。

没有前一步就没有后一步；没有过去就没有未来，过去即未来。无论是企业还是个人，都是如此。

因此，对个人来说，过去在哪里，做过什么，对什么感兴趣，曾经被抛在什么地方很多年，这些也许都是重要的信号，也是这个人区别于他人的所在。很多人认为过去的经历苦不堪言，所以痛恨过去，觉得上天不公，其实换一个角度来看，哪有什么不公？"舜不遇瞽瞍，则处瞽瞍之物无由格；不遇象，则处象之物无由格；周公不遇流言忧惧，则流言忧惧之物无由格。"过去的一切只是上天在提供各种机会历练你罢了。你好好审视自己的过去，从中选择一个点、一件事或者一个工具，作为自己未来十年的战略的抓手，十年磨一剑，未来可期。

这就是回到自己的人生经历当中去"寻宝"。

一切都是"长"出来的，如果你想成事，就要找到一件事，然后让这件事慢慢生长。这和种树的道理是一样的，先把一棵树种好，把根培植好、养护好，等到它根深叶茂、开花结果，也许种子散落到四周又长出很多小树苗，结果有可能出乎你的意料——你本想种一棵树，却收获了一片森林。

这就需要你立志，在自己的过去当中"寻宝"，并立志用这个宝去为社会服务，把过去的某个人生"切片"打造成自己的第二曲线。

主业第一

当你找到自己的志以后，你就确立了自己的主业。

一个人一辈子一定要有自己的主业，不能什么都做，不能永远打工。你在一生中总得做一件大事，你的志就是你的大事。

什么是你的主业？你志上的事就是你的主业，跟志相关的事就可以去做，跟志不相关的事就可以不做，有所为有所不为。你不断地去做跟自己的志相关的事，就是在自己的主业上不断耕耘，就可以厚积薄发。

找到自己的主业并不意味着就一定要辞职创业。即使在一个组织内打工，你也可以有自己的主业。你的主业不一定是你手头上正在做的这份工作，假如你是 HR（人事），也许"选、用、育、留"（指选对人，用好人，培养人，留住人）不是你的主业，"促进人的发展"才是你的主业，这就是你的志。你找到"促进人的发展"这个志，就意味着你找到了自己的主业。

当你找到"促进人的发展"这个志向时，你就知道自己该怎么做，就可以凭借当下这份工作，依托当下这个平台，去发展自己的 3.0 个人事业。这个时候你就会有无穷的创意、无数的创新成果，甚至可以超越当下、突破自己，做到自己之前做不到的事。此时你就知

219

道什么是对的，什么是不对的。当你做选择的时候，你就会依据是否能够促进人的发展来选择，就会超脱自己的得失之心，走一条"是非即成败"的道路。

因此，不是当下的环境束缚了你，而是你束缚了自己，是你的无志束缚了自己，这也从侧面说明了"志不立，天下无可成之事"这个道理。

很多人在拥有一份正式工作的同时，会利用自己的业余时间去做"副业"，希望在正式收入之外拥有另外一份可观的收入。这种想法是好的，不过很多时候有可能事与愿违。因为没有一项事业是兼带着做就可以做好的，一个人在"副业"上获得了长足的发展，必定是在其中投入了足够多的时间和注意力，一定是把"副业"做成了主业，才有这种效果。一个人把时间花在哪里，把注意力放在哪里，他的产出和结果就在哪里，这个基本原理不会改变。人与其去做"副业"，不如好好想想自己的主业到底是什么，不如把自己的主业做好。

你正在做的这份工作不一定就是你的主业。就像前面提到的，HR 不一定是你的主业，你目前投身的这家公司的工作不一定是你的主业，你在业余时间做的其他事情不一定是你的主业，"促进人的发展"才是你的主业，志才是你的主业。当然，如果你的主业和当下从事的工作可以合二为一，那肯定是再好不过的事情了。

当你找到自己的主业，沿着志的道路前进，不断地在自己的主业上积累时间，花费精力时，你就可以慢慢地做到"人生不败"。

客户第一

当确定了自己的主业以后，你就需要去找自己的客户，努力地服务客户，不断地利于客户、利于人心，努力地和客户产生心与心的连接，慢慢地就会近悦远来，把主业越做越好。

你在服务客户的过程中，需要不断地存天理、去人欲，不断地击穿人欲，才能一次次地做出正确的判断，做出对的选择。服务客户、建设客户的过程就是提升自己、建设自己的过程。

在这个过程中，你一定要坚决贯彻"以客户为中心"的理念，把牌明着打。什么是把牌明着打？就是按照一条必胜的道路前进，把打法、玩法通通告诉竞争对手，甚至告诉所有人，然后决然地按照必胜的逻辑去行动。

那么这条必胜的道路在哪里呢？如果用一句话来形容，这条道路的入口处写着这样一句话：做对的事，把事做对。

什么是对的事呢？我们且看以下内容。

永远跟客户在一起，离客户越近越好。

你只有走近客户，才能深度地理解客户的主业和经营环节，才能赢得客户的认同和信赖。

在一个小的领域里深耕。

你不要端着饭碗找饭吃，不要总想着以后的客户在哪里。你目前应该考虑的是：现有的客户你是否能够服务好？现有的客户的需求和痛点在哪里？你是否能够真正地帮助现有的客户解决问题？你要针对现有的客户，找到你能够做出特色的地方，把它做到极致。你不要想着遍地开花，什么都要，先把一部分做到足够好，自然就会有源源不断的客户来找你。

不要为了钱去做主业。

你需不需要钱？当然需要！你缺不缺钱？当然缺！对于很多人来讲，钱一定是越多越好的。但是，当你做事的时候，你不要为了钱去做。即使你穷困潦倒，也不要为了钱去做一些事。你可以找一些暂时维持生存的工作养家糊口，但不要为了钱去做你的主业。你一定不是为了挣钱才去做主业的，否则走不远，因为你一旦关注钱，就很难真正关注客户，不关注客户，想把事业做好基本上是不可能的。

你所做的事能够解决社会问题。

你所做的事是在解决什么社会问题？它真的能解决社会问题吗？如果真的能，那么你就会被社会需要。如同网约车出现是为了解决人们便利出行的问题，如果网约车不出现安全风险、监管风险，自然能够发展起来。

另外，为什么是你来解决这个社会问题？对于这个社会问题，你是否能够感同身受？比如你出身富贵，成长一帆风顺，对乡村教育并不十分了解，从来没去过偏远地区，你是否能够更好地去解决乡村教育中存在的问题呢？

真的对客户好。

你是关注自己的项目能做多大，还是关注客户的问题能否得到解决？你是关注自己的产品销量，还是关注是否能够真正利于客户？你是真的为客户考虑，还是为客户的钱包考虑？这几个问题的答案，几乎决定了你能走多远。

如果你不知道自己的客户是谁，不知道客户的问题在哪里，离客户很远，无法真的对客户好，只是为了赚钱而赚钱，那么你走的这条路一定是一条必败之路。

薅客户的"羊毛"，短期内或许可以让你大发横财，但是钱来得快去得也快，更多的时候是从哪里来回到哪里去。

对每个人来讲，每天都是相同的 24 个小时，但在这 24 个小时之内，人所做的事决定了他的整体效能。有些人一直在做对的事，长年累月地积累，最后到了一个临界点，就会实现爆发式增长；有些人不知道什么事是对的，一会儿做这个，一会儿做那个，时间就被浪费了。

当下，你就要进行严谨的策略研究，比如你是否能够把牌明着打？如何才能打明牌？你的必胜逻辑是什么？在这个必胜逻辑之下，你的客户是谁？客户的痛点是什么？你的目标何在？你达成目标的路径和抓手是什么？……这些你都要做到心中有数，然后无限地靠近客户，做真正利于客户的事，最后自然就会"近悦远来"。

第三节　3.0事业的靠山

第一个靠山：客户

很多人认为在世俗意义上获得成功的人，背后一定有靠山，所以自己做什么事都想找靠山，但靠山山会倒，靠水水会流，靠人人会跑。那么，我们作为一个普通人，在开创3.0个人事业的时候，能靠谁呢？

其实，很多时候你谁也靠不了，只能靠自己的客户，客户才是你真正的衣食父母，才是你真正的靠山。没有客户你就是无源之水、无本之木，客户就是你的土壤、阳光、雨露，你如果没有客户就很难有真正的成长。

对于个体来说，没有客户就什么都没有，就什么都不是。很多人将服务客户看成一件非常痛苦的事，不愿意去服务客户，或者把客户简单地视为一种流量，整天做的就是拉新、转化、留存，完全没有"人"的概念。你转变思路想一想，没有客户，你工作的价值和意义是什么？没有客户，你存在的必要性在哪里？你的发展空间又在哪里？

所谓规模，只是有多少客户愿意选择你而已。你的一切都是客户给的，客户给你回报，给你业绩，给你市场空间，给你机会，给你未来。其实是客户成就了你。但是，你是如何经营与客户之间的关系的呢？我们常认为自己很厉害，认为是客户需要我们，甚至欺骗客户，不把客户放在眼里。很多人整天去附庸权贵拉拢人脉资源，却从来不花时间去好好想想自己要如何服务客户。

只有当你真正赢得了客户的信任，跟客户建立了稳定的信赖关系，你才有更多的可能性可言。真正的铜墙铁壁是什么？是客户，是一批真心实意地愿意支持你的客户。客户愿意支持你的背后，是铜墙铁壁般的信任；信任的背后，是你的一颗热腾腾的、服务客户的真心。

因此，我们的工作就是持续地关注客户，赋能客户，努力地服务客户。当然，这条路刚开始不一定好走，也许筚路蓝缕，但只要我们真正以客户为中心，慢慢地就会走出一条康庄大道。

我们应该如何去关注客户，赋能客户呢？

我们需要随时思考：客户的需求有没有得到满足呢？客户的问题有没有得到解决呢？客户的主业有没有得到有效的发展呢？客户面临的挑战有没有得到进一步的解决呢？客户的家庭有没有得到更好的建设呢？客户有没有找到一种有效的提升自身的路径呢？一切跟客户相关的问题，都应该被提到你的日程上来。

当你与客户建立了深度的连接后，客户就是你稳固的后方。

你的自身能力如何提升？在服务客户的过程中，去解决客户关注的问题，你的能力慢慢就会得以提升。你的视野如何得到拓展？当你近距离地和各种各样的客户交流的时候，你的视野自然就会得到拓展。你的新的业务机会从哪里来？当你与客户在一起，当你发现更多的客户需求，当你看到自己可以为客户做得更多的时候，你的新的业务机会自然就来了。

你的新创意从哪里来？你的动力和信心如何保持？在你跟客户保持深度的连接的过程中，这些问题都会得到有效的解决。客户是你的土壤，是你的阳光，只有与客户在一起，你才会真正获得成长。

如果你不关注客户，整天想着钻营，想着自己的利益得失、成败与否，盯着蝇头小利，哪有什么真正的 3.0 事业可言呢？因此，你的靠山不是某个人，不是某种关系，不是某种能力，而是你的客户。当你夯实了客户基础，把客户服务好了，你才会有未来可言。

第二个靠山：人心

靠山山会倒，靠人人会跑，那靠什么呢？其实，你什么都不用靠，独立自主、自力更生才是最好的出路。这是一个非常简单的道理，但是并非每个人都能意识到，因为人的惯性思维总想着借助外界找到靠山。

一个人靠自己很难成事，但是总想着靠别人就永远没有出头之日。因为真正的力量来自自己，只有依靠自己，开发自己的力量，人才有改变的可能。

"靠"的思维只会培养"巨婴"和轻易妥协的人。我们只能靠自己，靠自己的这颗心。

不管你对自己的世界满意与否，你的心的层级就代表了你会活在什么样的世界当中。所谓反求诸己，实际上是通过观察自己所处的世界，去反观自己到底拥有一颗什么样的心，用佛家的话来讲，就是

"欲知前世因，今生受者是；欲知来世果，今生作者是"。你要想知道自己的心如何，去看自己所处的现实世界就可以了；你要想知道自己以后过得怎么样，去看自己有一颗怎样的心就知道了。

因此，你与其期待某个人来拉你一把，与其死死地抓住一根救命稻草，与其把所有的希望寄托在自己的某个作品上，不如回到自己，努力地去提升自己的心。心的境界、格局、能量是可以提升的。如此，我们才能拿回自己生命的掌控权。

你的心在"交易"的层次，你就很难做出"交往"的事业；你的心升级到了"交通"的层次，让你做纯"交易"的事情你也做不出来。

这世上有懈怠之心、懒惰之心、敷衍之心、骄傲之心，也有专注之心、精进之心、奉献之心、无我之心，你有什么样的心，就会看到什么样的世界（见图 7-3），这就是所谓"心即理""心外无理""心外无物"。

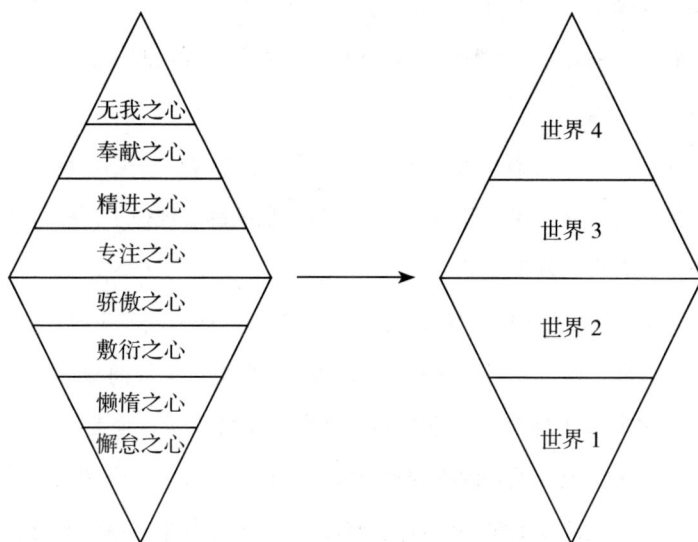

图 7-3　心的层级以及所对应的世界

真正的努力是从"事上努力"回到"心上努力"，是在自己的心上下功夫。这就是本书的核心观点之一。

你与其在你的世界当中不断折腾，不如回到创造的源头，回到你的心上去修正和调整。

心改变了，从3楼提升到6楼，3楼的问题就不再困扰你，你自然就能做到6楼的事情，这就是所谓"垂直攀登"。

人生的一切都是内心的投射，心就是那个投影文件，我们的人生就是投影幕上的画面。实际上，画面中的人和事都是靠不住的，真正靠得住的是连接这投影的电脑源文件，只有改变源文件，才能改变画面。

我们知道，身之主宰便是心。心改变了，人自然就改变了。找到源头，找到主宰，我们才能有下手处，有得力处。

我们如何让心改变呢？让心改变不是增加一些东西，而是努力地去掉一些东西。

我们应该去掉什么东西呢？比如傲慢、贪婪、忌妒、懈怠、马虎、懒惰……如同我们打扫卫生，把这些私欲都清理掉了，心自然就干净了，人自然就改变了。

这就是我们所说的"存天理、去人欲"。正如阳明先生所说："减得一分人欲，便是复得一分天理。何等轻快脱洒，何等简易！"

人之所以不能改变，不是因为外在的条件不足，而是因为内心的灰尘太多，或者说是内心的水分太多，私欲太多，不合理的欲望太多。因此，人改变的第一步就是回到心上，去除灰尘，挤掉水分，让心回归本真。心的本真就是"吾性自足""本自具足"，让心回归本真，你方能获得智慧，你的格局、境界、能量、眼界都会变得不同，这就是人得以改变的根本方法。

人的内心有无尽的宝藏，但是大部分人没有去发掘自己内心的无尽的宝藏，只是在外面的事上转来转去，虽然过了很多年，但是心没有提升，内心的宝藏没有被发掘出来，所以就很难有巨大的变化。

回到自己，发掘自己内心的无尽的宝藏，你才有真正的出路可言。

你真正的靠山不是别人，是你自己，是你自己的那颗心。

靠天靠地都不如靠自己，靠自己的这颗心。永远不要忘记，开创3.0 个人事业，心才是你真正可靠的靠山。

参考文献

1. [日] 稻盛和夫 . 活法：口袋版 [M]. 曹岫云，译 . 北京：东方出版社，2014.

2. [明] 王阳明 . 明隆庆六年初刻版 传习录 [M]. 张靖杰，译注 . 南京：江苏凤凰文艺出版社，2015.

3. [美] 史蒂芬·柯维 . 高效能人士的七个习惯（20 周年纪念版）[M]. 高新勇，王亦兵，葛雪蕾，译 . 北京：中国青年出版社，2010.

4. [美] 瑞·达利欧 . 原则 [M]. 刘波，綦相，译 . 北京：中信出版社，2018.

5. [美] 本杰明·富兰克林 . 富兰克林自传 [M]. 蒲隆，译 . 南京：译林出版社，2015.

6. [宋] 朱熹 . 新编诸子集成：四书章句集注（第 2 版）[M]. 北京：中华书局，2012.

7. [日] 稻盛和夫 . 心：稻盛和夫的一生嘱托 [M]. 曹寓刚，曹岫云，译 . 北京：人民邮电出版社，2020.

8. [明] 袁了凡 . 了凡四训 [M]. 费勇，译 . 西安：三秦出版社，2017.

9. [明] 王守仁 . 阳明先生集要 [M]. [明] 施邦曜，辑评 . 北京：中华书局，2008.

10. [日] 冈田武彦 . 王阳明大传：知行合一的心学智慧 [M]. 杨田，冯莹莹，袁斌，等译 . 重庆：重庆出版社，2018.

11. [美] 杜维明 . 青年王阳明：行动中的儒家思想 [M]. 朱志方，译 . 北京：生活·读书·新知三联书店，2013.

12. 董平 . 王阳明的生活世界：通往圣人之路（修订版）[M]. 北京：商务印书馆，2018.

13. [加] 秦家懿 . 王阳明 [M]. 北京：生活·读书·新知三联书店，2017.

14. [日] 秋山利辉 . 匠人精神 [M]. 陈晓丽，译 . 北京：中信出版社，2015.

15. [清] 曾国藩 . 曾国藩全集（修订版）[M]. 唐浩明，编 . 长沙：岳麓书社，2012.

16. 华杉 . 华杉讲透王阳明《传习录》[M]. 北京：人民日报出版社，2019.

17. [日] 键山秀三郎 . 扫除道 [M]. [日] 龟井民治，编 . 陈晓丽，译 . 北京：企业管理出版社，2018.

18. [明] 王守仁 . 王阳明全集 [M]. 吴光，钱明，董平，编 . 上海：上海古籍出版社，2011.

19. [宋] 陆九渊 . 陆九渊集 [M]. 北京：中华书局，1980.